园林绿化工程

项目负责人人才评价培训教材

综合实务

YUANLIN LÜHUA GONGCHENG
XIANGMU FUZEREN RENCAI PINGJIA PEIXUN JIAOCAI
ZONGHE SHIWU

江苏省风景园林协会　编著

U0172859

中国建筑工业出版社

图书在版编目（CIP）数据

园林绿化工程项目负责人人才评价培训教材.4，综合实务 / 江苏省风景园林协会编著 . —北京：中国建筑工业出版社，2020.12（2022.5 重印）

ISBN 978-7-112-25626-6

Ⅰ.① 园… Ⅱ.① 江… Ⅲ.① 园林－绿化－工程管理－技术培训－教材 Ⅳ.① TU986.3

中国版本图书馆 CIP 数据核字（2020）第 237027 号

《园林绿化工程项目负责人人才评价培训教材》
编委会

主　编：王　翔　强　健

副主编：刘殿华　纪易凡

编　委：周　军　黄　顺　方应财　孙丽娟　刘玉华　曹绪峰

　　　　陆文祥　薛　源　姚锁平　蔡　婕　赵康兵　朱　凯

　　　　梁珍海　王宜森　陆　群　毛安元　周　益　申　晨

　　　　陈卫连

统　筹：陆文祥　薛　源

《综合实务》编委会

主　编：纪易凡　朱　敏

副主编：叶婉星

编　委：王燕青　张　军

审　校：梁珍海　孙丽娟　曹绪峰　王宜森　毛安元　赵康兵

序

　　园林绿化是城市有生命的基础设施，在城市生态环境营造、人居环境改善、城乡建设可持续发展中发挥着重要作用。广大园林绿化工作者积极投身城乡建设实践，为我国园林绿化事业发展，为美丽中国建设做出了巨大贡献。近年来，随着我国改革发展的深化，城市园林绿化行业已进入变革与转型期，要求园林绿化工程建设不仅要有量的增长，更要有质的提高，高质量发展离不开高水平人才建设，这对行业人才需求和规范管理也提出了新的要求。

　　2017年，住房和城乡建设部出台了《园林绿化工程建设管理规定》（建城〔2017〕251号），明确要求"园林绿化工程施工实行项目负责人负责制"，项目负责人是园林绿化工程组织管理的关键，实施园林绿化工程项目负责人人才评价工作是落实项目负责人制度、深化园林绿化工程建设市场化改革的重要内容。为推进园林绿化工程项目负责人制度实施，加强园林绿化工程建设管理，中国风景园林学会在全国园林绿化行业统一组织开展园林绿化工程项目负责人人才评价工作，并正式发布团体标准《园林绿化工程项目负责人评价标准》T/CHSLA 5004—2019，为规范评价工作奠定了基础。

　　培训教育是人才评价工作的重要环节，完善项目负责人培训、考试体系，编写一套科学合理的培训教材显得尤其重要。江苏省风景园林协会在项目负责人培训考试试点基础上，组织有关院校、园林企业中有着丰富实践经验的专家、学者，开展考纲编制和相关教材编写工作，形成了《园林绿化工程项目负责人人才评价培训教材》。这套教材内容以《园林绿化工程项目负责人评价标准》T/CHSLA 5004—2019为依据，以考纲为框架，突出园林行业特点，系统地介绍园林绿化工程建设、管理基本原理及其方法，注重园林绿化工程知识及其分析方法在工程实践中的运用。教材条理清晰、重点突出、通俗易懂，实用性强，与项目负责人人才评价考试要求相结合，是项目负责人考试培训学习的重要辅助。教材内容编写顺应行业发展趋势，增加园林绿化行业发展新理念、新技术、新工艺、新材料等知识点，有利于提高项目管理人员知识定位，也为一线园林绿化项目管理人员自学专业知识、提高专业水平提供了参考资料。

　　这套《园林绿化工程项目负责人人才评价培训教材》在总结以往经验基础上，系统地梳理现场施工经验，较为全面地归纳了园林绿化工程项目建设现场管理的相关专业知识，强调实操能力，增加案例教学内容，并用案例说明知识点的应用，让从事园林绿化工程的项目负责人能够快速理解、有效掌握工程项目管理的相关理论、方法、技术和工具以及法律法规和技术标准，以适用园林绿化施工项目进行计划、组织、监管、控制、协调等全过程的管理，确保工程项目的工期、质量、安全与成本按照相关法规、标准和合同约定完成。

希望这套教材能够在园林绿化工程项目负责人人才培训和考试应用中发挥更大作用，促进园林绿化工程施工项目负责人负责制度实施，培养出更多具有相应能力的园林绿化工程项目负责人，也为园林绿化工程其他项目管理人员学习提高专业知识水平给予帮助。针对行业发展的实际情况和企业用人需要，通过科学的人才培养评价体系，调动园林绿化从业者的积极性，激励行业人才脱颖而出，服务园林绿化企业，不断提高园林绿化工程建设水平，促进园林绿化行业健康、可持续、高质量发展。

江苏省风景园林协会理事长
中国风景园林学会副理事长
2020 年 10 月

前　　言

住房和城乡建设部于2017年发布《园林绿化工程建设管理规定》(建城〔2017〕251号),明确提出园林绿化工程施工实行项目负责人负责制。项目负责人对工程建设全过程进行管理,全面负责工程建设组织、施工、技术质量指标和经济指标,是园林绿化工程建设的关键技术人才。

为做好园林绿化工程项目负责人培训及评价工作,江苏省风景园林协会组织金陵科技学院、江苏农林职业技术学院、苏州农业职业技术学院、金埔园林股份有限公司、南京市园林经济开发有限责任公司、景古环境建设股份有限公司、南京万荣园林实业有限公司、徐州九州生态园林股份有限公司、江苏山水环境建设集团股份有限公司、苏州园林发展股份有限公司、苏州园科生态建设集团有限公司、苏州金螳螂园林绿化景观有限公司等高校、企业相关专业的专家、学者编写了《园林绿化工程项目负责人人才评价培训教材》(简称《教材》)。《教材》共分《项目管理》《经济与合同》《营造技艺》《综合实务》4册。《教材》根据中国风景园林学会《园林绿化工程项目负责人评价标准》T/CHSLA 5004—2019 的基本要求,面向园林绿化工程项目负责人人才培训及一线技术、管理人员继续教育,以服务园林绿化工程项目负责人人才培训与评价、培养高素质项目负责人人才为目标,系统梳理园林绿化工程建设管理知识,总结工程建设现场管理经验,结合工程实践,在广泛征求一线授课教师和企业专家的意见后,依据建设法律、法规、标准规范和工程案例进行编写。

本《教材》以《园林绿化工程项目负责人评价标准》T/CHSLA 5004—2019 为依据,系统、全面阐述园林绿化工程建设管理知识。突出园林绿化工程建设特点,凝练园林绿化工程建设核心技术与关键知识点;强调理论与实践相结合,融汇理论与实践知识,增加案例教学;积极引用新标准、新技术、新规范,与时俱进;针对一线施工项目管理人员实际,力求文字简洁,逻辑清晰,实用、可操作,便于自学。

本《教材》设立编写委员会,王翔、强健为主编,刘殿华、纪易凡为副主编,委员名单见编委会。全书编写由陆文祥、薛源负责统筹。

《综合实务》为《教材》之一,依据园林绿化工程建设规律进行内容组织,具体包括工程前期管理实务、施工准备管理实务、工程技艺应用、项目管理实务和竣工验收与养护管理实务5个章节。教材编写以案例为主,强调理论联系实际,突出工程实践。教材凝练园林绿化工程项目管理理论核心知识点,结合大量实际案例,阐述园林绿化工程项目管理实际工作内容、要求及操作方法,帮助读者理解掌握园林绿化工程项目管理实操知识与技术。

　　《综合实务》由纪易凡、朱敏担任主编，纪易凡完成全书的大纲制订和统稿工作，并编写第1章、第4章，叶婉星编写第2章，朱敏编写第3章、第5章。王燕青、张军等提供工程实践资料并参与编写教材实务案例。

　　《综合实务》编写过程中，得到了金埔园林股份有限公司、南京万荣园林实业有限公司、南京市园林经济开发有限责任公司、景古环境建设股份有限公司、徐州九州生态园林股份有限公司等单位一线专家的大力支持与协助，并提出了许多宝贵意见。引用了国家及地方有关的专业术语和图表规范。谨表示感谢！

　　本《教材》还得到教育部新农科研究与改革实践项目"长三角地区新建本科院校'双创'人才培养及其返乡创业路径研究"的资助。在此一并致谢！

　　由于编者水平有限，本书可能还存在不足和错误，恳请广大读者和专家批评指正。

编者

2020 年 10 月

目　　录

第1章　园林绿化工程前期管理实务

1.1　工程招标投标

1.1.1　招标投标的管理要求

1.1.1.1　园林项目的建设程序

园林项目应遵循基本建设规律，其建设程序包括投资决策阶段、实施阶段和交付使用阶段；根据各阶段工作内容又详细划分为项目建议书、可行性研究报告、设计工作、建设准备、建设实施、竣工验收、交付使用及用后评价等具体环节如图1-1所示。

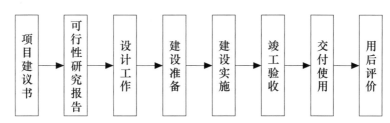

图1-1　园林项目建设程序

【案例1-1】

某国有企业拟在城郊投资建设大型农业生态观光园，企业成立项目建设领导小组。领导小组自行编制了可行性研究报告，认为从企业自身发展的角度而言项目可行，随即委托设计单位完成项目的规划设计方案，同时报请发改委立项。

分析：

该企业项目建设程序不正确。首先应请有经验的专业咨询机构协助，或者委托有资质的设计单位完成可行性研究报告，确认项目可行时，再报请发改委立项，然后委托设计单位完成项目的规划设计方案。

【案例1-2】

某街道为满足社区居民休闲游憩需求，拟修建社区公园。2016年9月，街道办公室向项目审批部门提出，希望前期工作中的勘察、设计工作做到一定深度，以顺利通过审批，节约后期建设时间，为此在工程获批前，先行开展该项目勘察设计招标。2016年11月，项目审批部门同意其先行开展招标投标活动。

分析：

《工程建设项目可行性研究报告增加招标内容和核准招标事项暂行规定》（原国家计划委员会令第9号）第六条规定：经项目审批部门批准，工程建设项目因特殊情况可以在报送可行性研究报告前先行开展招标活动，但应在报送的可行性研究报告中予以说明。因此，街道向项目审批部门申报先行开展勘察设计招标投标活动是有法可依的。

1.1.1.2　工程招标项目的相关规定

《中华人民共和国招标投标法》（以下简称《招标投标法》）规定，招标投标活动应当遵循公开、公平、公正和诚实信用的原则。在中华人民共和国境内进行勘察、设计、施工、监理以及与工程建设有关的重要设备、材料等的采购等项目，必须进行招标。涉及国家安全、国家秘密、抢险救灾或者属于利用扶贫资金实行以工代赈、需要使用农民工等特殊情况，不适宜进行招标的项目，按照国家有关规定可以不进行招标。

园林绿化工程项目是否需要实行招标参照表 1-1。

工程项目招标和不招标项目的规定　　　　　　　　　　　　　表 1-1

事项	具 体 规 定
必须招标的项目	（1）大型基础设施、公用事业等关系社会公共利益、公众安全的项目； （2）全部或者部分使用国有资金投资或者国家融资的项目； （3）使用国际组织或者外国政府贷款、援助资金的项目
可以不进行招标的项目	（1）需要采用不可替代的专利或者专有技术； （2）采购人依法能够自行建设、生产或者提供； （3）已通过招标方式选定的特许经营项目投资人依法能够自行建设、生产或者提供； （4）需要向原中标人采购工程、货物或者服务，否则将影响施工或者功能配套要求； （5）国家规定的其他特殊情形

1.1.1.3　相关规定

1. 工程招标的方式

园林绿化工程项目招标方式如表 1-2 所示。

园林工程项目招标的方式　　　　　　　　　　　　　　　表 1-2

方式	内　　容	说　　明
公开招标	招标人在指定的报刊、电子网络或其他媒体上发布招标公告，吸引众多的投标人参加投标竞争，招标人从中择优选择中标单位的招标方式	《中华人民共和国招标投标法实施条例》（以下简称《招标投标条例》）第八条：国有资金占控股或者主导地位的依法必须进行招标的项目，应当公开招标
邀请招标	也称选择性招标或有限竞争投标，指招标人以投标邀请书的方式邀请特定的法人或者其他组织投标	《招标投标法》规定，国家重点项目和省、自治区、直辖市的地方重点项目不宜进行公开招标的，经过批准后可以进行邀请招标

2. 工程招标方式的选择

（1）应当实行公开招标的范围

国有资金占控股或者主导地位的依法必须进行招标的项目，应当公开招标。

（2）经批准后可以采用邀请招标的范围

对于强制招标的工程项目，能够满足下列情形之一的，经批准可以进行邀请招标：① 项目技术复杂或有特殊要求，或者受自然地域环境限制，只有少量潜在投标人可供选择；② 涉及国家安全、国家秘密或者抢险救灾，适宜招标但不宜公开招标；③ 采用公开招标方式的费用占项目合同金额的比例过大；④ 法律、法规规定不宜公开招标的。

【案例 1-3】

某国家全额投资的园林绿化工程项目招标，为抢工期，建设方邀请了两家园林绿化施工企业前来投标。开标时，由公证处人员对各投标者的资质和投标文件进行审查，在确定所有投标文件均为有效标后，由招标办的人员会同招标单位的人员进行了评标，最后确定高于标底者为废标，余下者中标。

分析：

（1）根据《招标投标法》规定，国家全额投资的项目应公开招标，且投标人应不少于3家，而不能因抢工期采用邀请招标。此外，邀请招标的项目，投标人也不应少于3家。

（2）公证处人员仅对程序进行公证，投标人的资质和投标文件的审查工作不应由公证处人员承担，而应由招标单位承担。

（3）招标办的人员不能参与评标，评标由评标专家及招标单位的人员进行。

（4）高于标底者为废标不妥，应依据评标办法确定中标单位。

【案例1-4】

2018年2月，某民营企业与当地县人民政府达成协议，拟投资1亿元兴建一座农业生态园。2018年5月，农业生态园项目申请书经主管部门核准，主管部门在核准文件中要求项目勘察、设计、施工等采用公开招标方式。2018年6月，公司以"农业生态园项目是民营企业自有资金和银行贷款建设，没有使用政府资金"为由，向主管部门提出申请，要求将项目招标方式由公开招标变更为邀请招标。2018年8月，主管部门同意该项目招标方式由公开招标变更为邀请招标。

分析：

《招标投标法》第十一条规定，国务院发展计划部门确定的国家重点项目和省、自治区、直辖市人民政府确定的地方重点项目不适宜公开招标的，经国务院发展计划部门或者省、自治区、直辖市人民政府批准，可以进行邀请招标。《招标投标条例》第八条规定，国有资金占控股或者主导地位的依法必须进行招标的项目，应当公开招标。除《招标投标法》第十一条、《招标投标条例》第八条及其他规定明确项目应当公开招标外，招标人可以自行选择公开招标或者邀请招标。

本项目属于民营资金占控股或者主导地位，依法必须进行招标的项目，但并未被列入国家或省重点项目，不属于《招标投标法》第十一条、《招标投标条例》第八条规定的应当公开招标的情形，项目业主可以要求邀请招标。

判断项目是否属于公开招标或邀请招标，以项目资金来源为标准时，不以投资人的属性为唯一标准。对于民营企业投资项目而言，如果其项目使用的资金大部分来源于政府补助、国企投资等，应当认定为项目是国有资金占控股或者主导地位；如果这些项目虽属于依法必须招标项目，但补助金额不占主导地位的，项目核准部门可以核准其邀请招标。

1.1.2 工程招标条件与程序

1.1.2.1 招标人的相关规定

招标人是提出招标项目、进行招标的法人或者其他组织。《招标投标法》没有将自然人定义为建设工程招标的招标人。园林工程项目招标人类型如表1-3所示。

园林工程项目招标人类型　　　　　　　　　　　　　表1-3

类型	涵　义	内　容
法人	依法注册登记，具有独立的民事权利能力和民事行为能力，依法享有民事权利和承担民事义务的组织	企业法人和机关、事业单位及社会团体法人
其他组织	合法成立、有一定组织机构和财产，但又不具备法人资格的组织	依法登记领取营业执照的合伙组织、企业的分支机构等

1.1.2.2　招标人应具备的条件

依法必须招标的工程建设项目，应当具备以下条件才能进行招标：

（1）招标单位是法人或依法成立的其他组织；

（2）有与招标工程相适应的经济、技术、管理人员；

（3）有编制招标文件的能力；

（4）有审查投标单位资质的能力；

（5）有组织开标、评标、定标的能力。

不具备上述第（2）～（5）项条件的，须委托具有相应资质的咨询、监理等单位代理招标。

1.1.2.3　招标工程项目应当具备的条件

依法必须招标的工程建设项目，应当具备下列条件才能进行施工招标：

（1）招标人已经依法成立；

（2）初步设计及概算应当履行审批手续的，已经批准；

（3）有相应资金或资金来源已经落实；

（4）有招标所需的设计图纸及技术资料。

【案例 1-5】

某国有公司拟在城郊投资建设大型农业生态观光园，公司编制了可行性研究报告后，委托设计单位完成项目的规划设计方案，公司就项目的施工向社会公开招标。

分析：

该公司仅完成项目的规划设计方案，未完成施工图纸设计，且项目未经规划部门许可立项，不能进入招标环节。

1.1.2.4　工程招标程序及相关规定

1. 招标程序

园林绿化工程项目招标程序如表 1-4 所示。

园林工程项目招标程序

表 1-4

项目	内　　容
招标准备	（1）建设工程项目报建； （2）组织招标工作机构； （3）招标申请； （4）资格预审文件、招标文件的编制与送审； （5）编制工程标底； （6）刊登资格预审通告、招标通告； （7）资格预审
招标实施	（1）发售招标文件以及对招标文件的答疑； （2）勘察现场； （3）投标预备会； （4）接受投标单位的投标文件； （5）建立评标组织
开标定标	（1）召开开标会议、审查投标文件； （2）评标，决定中标单位； （3）发出中标通知书； （4）与中标单位签订中标合同

2. 招标过程中的相关规定

（1）针对公开招标项目，招标人应当发布招标公告。招标公告必须载明招标人的名称和地址，招标项目的性质、数量、实施地点和时间以及获取招标文件的办法等事项。

（2）招标人采用邀请招标方式，应当向 3 个以上具备承担招标项目能力且资信良好的特定法人或者其他组织发出投标邀请书。

（3）依法必须进行招标的项目，其招标投标活动不受地区或者部门的限制。任何单位和个人不得违法限制或者排斥本地区、本系统以外的法人或者其他组织参加投标，不得以任何方式非法干涉招标投标活动。

（4）招标人可以根据招标项目本身的要求，在招标公告或者投标邀请书中，要求潜在投标人提供有关资质证明文件和业绩情况，并对潜在投标人进行资格审查；国家对投标人的资格条件有规定的，依照其规定。招标人不得以不合理的条件限制或者排斥潜在投标人，不得对潜在投标人实行歧视待遇。

（5）招标人根据招标项目的具体情况，可以组织潜在投标人踏勘项目现场；但不得组织单个或者部分潜在投标人踏勘项目现场。

（6）招标人对已发出的招标文件进行必要的澄清或者修改，应当在招标文件要求提交投标文件截止时间至少 15 日前，以书面形式通知所有招标文件收受人。

（7）招标人应当确定投标人编制投标文件所需要的合理时间；依法必须进行招标的项目，自招标文件开始发出之日起至投标人提交投标文件截止之日止，最短不得少于 20 日。

（8）投标保证金的数额一般不高于招标项目估算价的 2%，且不超过 80 万元。投标保证金采用的是银行保函的形式，银行保函的有效期应在投标有效期满后 28 日内继续有效。

（9）开标应当在招标文件中约定的地点，在招标文件确定的提交投标文件截止时间的同一时间公开进行。

（10）评标由招标人依法组建的评标委员会负责。依法必须招标的项目，评标委员会由招标人的代表和有关技术、经济等方面的专家组成，成员人数为 5 人以上的单数，其中技术、经济等方面的专家不得少于成员总数的 2/3。

技术、经济等专家应当从事相关领域工作满 8 年且具有高级职称或具有同等专业水平，由招标人从国务院有关部门或省、自治区、直辖市人民政府有关部门提供的专家名册或者招标代理机构的专家库内相关专业的专家名单中确定；一般招标项目可以采取随机抽取方式，特殊招标项目可以由招标人直接确定。与投标人有利害关系的人不得进入相关项目的评标委员会，已经进入的应当更换。评标委员会成员的名单在中标结果确定前应当保密。

（11）评标过程中，投标文件有下列情形之一的将视为无效：

1）投标文件未按照招标文件的要求予以密封；

2）投标文件中的投标函未加盖投标人的企业及企业法定代表人印章，或者企业法定代表人委托代理人没有合法、有效的委托书（原件）及委托代理人印章；

3）投标文件的关键内容字迹模糊、无法辨认；

4）投标人未按照招标文件的要求提供投标保函或者投标保证金；

5）组成联合体投标的，投标文件未附联合体各方共同投标协议；

6）逾期送达。对未按规定送达的投标书，应视为废标，原封退回。但对于因非投标者的过失（因邮政、战争、罢工等原因）而在开标之前未送达的，投标单位可考虑接受该迟到的投标书。

【案例 1-6】

某镇政府拟新建一街头小游园，委托设计单位完成项目施工图设计，通过招标将工程承包给施工单位进行施工。

项目进行施工招标时，招标人于 2018 年 7 月 3 日开始发售招标文件，7 月 6 日停售；招标文件规定投标人必须具备园林绿化工程建设二级及以上资质，提交投标文件的截止时间为 7 月 20 日下午 18 时，7 月 21 日上午 10 时开标。7 月 15 日，针对投标人对招标文件的疑问，招标人召开标前会议对招标文件进行了澄清说明，并电话通知了每一个投标人。

分析：

（1）招标人对投标人提出资质要求是不正确的。2017 年 4 月，住房和城乡建设部正式发文取消园林绿化企业资质，《园林绿化工程建设管理规定》中明确规定不得将"具备住房和城乡建设部门核发的原城市园林绿化企业资质或市政公用工程施工总承包资质"等作为投标人资格条件。

（2）招标文件发售时间不符合要求，根据《招标投标条例》第十七条规定，招标文件出售之日起至停止出售之日止，最短不得少于 5 日。

（3）投标截止时间设置不合理。《招标投标法》第二十四条规定，招标文件自发出之日起至投标人提交投标文件截止之日为止，最短不得少于 20 日。

（4）招标人澄清时间和方式不符合规定。《招标投标法》第二十三条、《招标投标条例》二十一条规定，招标人对已发出的招标文件进行必要的澄清或修改的，应在招标文件要求投标文件截止时间至少 15 日前；招标人对招标文件的澄清说明应以书面形式通知所有招标文件收受人。

（5）开标时间不符合要求。《招标投标法》第三十四条规定，开标应在招标文件确定的提交投标文件截止时间的同一时间公开进行。

【案例 1-7】

某公园景观建设项目的招标人于 10 月 11 日向具备承担该项目能力的 A、B、C、D、E 共 5 家承包商发出投标邀请书，其中说明，10 月 17 日～18 日 9～16 时在该招标人总工程师室领取招标文件，11 月 8 日 14 时为投标截止时间。

该 5 家承包商均接受邀请，并按规定时间提交了投标文件，但承包商 A 在送出投标文件后发现报价估算有较严重的失误，遂赶在投标截止时间前 10 分钟递交了一份书面声明，撤回已提交的投标文件。

开标时，由招标人委托的市公证处人员检查投标文件的密封情况，确认无误后，由工作人员当众拆封。由于承包商 A 已撤回投标文件，故招标人宣布有 B、C、D、E 共 4 家承包商投标，并宣读该 4 家承包商的投标价格、工期和其他主要内容。

评标委员会委员由招标人直接确定，共由 6 人组成，其中招标人代表 2 人、本系统技术专家 1 人、经济专家 1 人、外系统技术专家 1 人、经济专家 1 人。

在评标过程中，评标委员会要求 B、D 两投标人分别对其施工方案作详细说明，并对若干技术要点和难点提出问题，要求其提出具体、可靠的实施措施。作为评标委员的招标人代表希望承包商 B 再适当考虑一下降低报价的可能性。

按照招标文件中确定的综合评标标准，4 个投标人综合得分从高到低的顺序为 B、C、D、E，故评标委员会确定承包商 B 为中标人。由于承包商 B 为外地企业，招标人于 11 月 10 日将中标通知书以挂号方式寄出，承包商 B 于 11 月 14 日收到中标通知书。

从报价情况来看，4个投标人的报价从低到高的顺序为D、C、B、E，因此，从11月16日～12月11日招标人又与承包商B就合同价格进行了多次谈判，结果承包商B将价格降到略低于承包商C的报价水平，最终双方于12月12日签订了书面合同。

分析：

案例中存在下列违反招投标法的行为：

（1）本工程为城市公园景观建设，应该采用公开招标，而招标人采用了邀请招标。

（2）开标时，宣读投标人时应包括A承包商参与投标情况。

（3）评标委员会成员的名单在中标结果确定前应当保密，且人员为5人以上的单数，经济技术专家不少于2/3。而本案例评标委员会委员由招标人直接确定，由6人组成，不符合相关规定。

（4）在评标过程中，不允许变更价格、工期、质量等级等实质性内容。

（5）招标人代表希望承包商B再适当考虑一下降低报价的可能性，违反了规定。中标通知书发出后，合同谈判中不应对报价进行更改，只能对支付方式，预付款的多少等合同内容进行谈判。

1.1.3 投标条件与程序

1.1.3.1 投标人的相关规定

投标人是响应招标、参加投标竞争的法人或者其他组织。

1. 投标人的条件

《招标投标法》第二十五条规定："投标人是响应招标、参加投标竞争的法人或者其他组织。依法招标的科研项目允许个人参加投标的，投标的个人适用本法有关投标人的规定"。因此，建设工程投标人不包含个人。

根据《园林绿化工程建设管理规定》要求，园林绿化工程投标人通常应具备的基本条件主要有下面几点：

（1）投标人应具有与园林绿化工程项目相匹配的履约能力；

（2）投标人及其项目负责人应具有良好的园林绿化行业从业信用记录；

（3）必须有符合法律、法规规定的其他条件。

对投标人的相关规定如表1-5所示。

对投标人的相关规定 表1-5

事项	具 体 规 定
投标人的资格	（1）投标人应当具备承担招标项目的能力； （2）国家或招标文件有关规定对投标人资格条件或者招标文件对投标人资格条件有规定的，投标人应当具备规定的资格条件
投标文件内容	投标人应当按照招标文件的要求编制投标文件。投标文件一般包括经济标和技术标。技术标主要包括项目概况、技术质量和安全施工措施、文明施工措施、绿色施工、拟派项目组织机构、资源组织移交及维修保养措施等
投标人数要求	投标人不得少于3个，否则招标人应当依法重新招标
送达投标书时间	在招标文件要求提交投标文件的截止时间后送达的投标文件，招标人应当拒收。投标人在招标文件要求提交投标文件的截止时间前，可以补充、修改或者撤回已提交的投标文件，并书面通知招标人。补充和修改的内容为投标文件的组成部分

事项	具 体 规 定
联合投标	两个以上法人或者其他组织可以组成一个联合体，以一个投标人的身份共同投标称为联合体投标。 （1）国家有关规定或者招标文件对投标人资格条件有规定的，联合体各方均应当具备规定的相应资格条件； （2）联合体各方应当签订共同投标协议，明确约定各方拟承担的工作和责任，并将共同投标协议连同投标文件一并提交招标人； （3）联合体中标，联合体各方应当共同与招标人签订合同，就中标项目向招标人承担连带责任； （4）招标人不得强制投标人组成联合体共同投标，不得限制投标人之间的竞争
撤回已提交的投标文件	投标人撤回已提交的投标文件，应当在投标截止时间前书面通知招标人。 （1）招标人已收取投标保证金的，应当自收到投标人书面撤回通知之日起5日内退还保证金； （2）投标截止后投标人撤销投标文件的，招标人可以不退还投标保证金
投标人相互串通投标或者与招标人串通投标的	（1）投标人不得相互串通投标报价，不得排挤其他投标人的公平竞争，损害招标人或者其他投标人的合法权益； （2）投标人不得与招标人串通投标，损害国家利益、社会公共利益或者他人的合法权益； （3）禁止投标人以向招标人或者评标委员会成员行贿的手段谋取中标； （4）投标人不得以低于成本的报价竞标，也不得以他人名义投标或者以其他方式弄虚作假，骗取中标

2. 不能参与投标的情形

（1）与招标人存在利害关系可能影响招标公正性的法人或其他组织者，不得参加投标。

（2）单位负责人为同一人或者存在控股、管理关系的不同单位，不得参加同一标段投标或者未划分标段的同一招标项目投标。

1.1.3.2 投标程序

（1）研究并决策是否参加工程项目投标；

（2）报名参加投标；

（3）按照要求填报资格预审书；

（4）领取招标文件；

（5）研究招标文件；

（6）调查投标环境；

（7）按照招标文件要求编制投标文件；

（8）投送投标文件；

（9）参加开标会议；

（10）订立施工合同。

【案例1-8】

2017年4月10日，两家园林绿化工程企业A、B组成联合体参与某滨水景观工程项目投标。4月13日，公示评标结果：A、B公司组成联合体因投标协议书所载内容与所附授权委托书内容不一致，不满足招标文件对联合体投标的要求，被否决投标。4月18日，行政监督部门接到A、B联合体的投诉材料，投诉评标委员会否决其投标理由不成立。

经调查核实：

（1）A、B联合体的联合体协议约定，A公司为联合体牵头人，联合体牵头人合法代表联合体各成员负责本招标项目投标文件编制和合同谈判活动，并代表联合体提交和接收相关的资料、信息及指示，并处理与之有关的一切事务，负责合同实施阶段的主办、组织和协调工作；

（2）A、B联合体投标文件投标函所载"法定代表人或其委托代理人：王×"及授权委托书所载"王×"为联合体成员单位 B 公司工作人员，在授权委托书上签字的是 B 公司法定代表人，投标函、授权委托书只有 B 公司公章。

分析：

《招标投标法》第三十一条规定，两个以上法人或者其他组织可以组成一个联合体，以一个投标人的身份共同投标，联合体各方应当签订共同投标协议，明确约定各方拟承担的工作和责任，并将共同投标协议连同投标文件一并提交招标人。联合体协议是联合体成立的基础，招标人接受联合体投标首先就是要审查联合体协议的约定内容。

A、B公司联合体协议中已经明确 A 公司为联合体牵头人，联合体牵头人合法代表联合体各成员负责本招标项目投标文件编制和合同谈判活动，代表联合体提交和接收相关的资料、信息及指示，并处理与之有关的一切事务，负责合同实施阶段的主办、组织和协调工作。因此，投标文件已违反了他们签订的联合体协议，评标委员会否决理由是成立的。

1.1.4 投标决策

决策是指为实现一定的目标，运用科学的方法，在若干可行方案中寻找满意的行动方案的过程。园林绿化工程投标决策即寻找满意的投标方案的过程，其内容主要包括三个方面：

（1）针对园林绿化工程招标决定是投标或是不投标；

（2）决定投什么性质的标；

（3）投标中企业需制定扬长避短的策略与技巧，达到战胜竞争对手的目的。

常见投标策略如表 1-6 所示。

常见的投标策略 表 1-6

类 型	内 容
依靠较高经营管理水平取胜	做好施工组织设计，采取合理的施工技术和施工机械，精心采购材料、设备，选择可靠的分包单位，安排紧凑的施工进度，力求节省管理费用等，从而有效地降低工程成本而获得较高的利润
依靠低利策略取胜	适用于承包商任务不足时，以低利承包到一些园林工程，对企业仍是有利的。此外，承包商初到一个新的地区，为了打入这个地区的承包市场，建立信誉，也往往采用这种策略
依靠缩短建设工期取胜	采取有效措施，在招标文件要求的工期基础上，提前若干个月或若干天完工，从而使工程早投产、早收益
以低报价取胜，中标后通过施工索赔提高利润	利用图纸、技术说明书与合同条款中不明确之处寻找索赔机会。一般索赔金额可达标价的 10%~20%。不过这种策略很有局限性
依靠改进园林绿化工程设计取胜	仔细研究原设计图纸，发现有不够合理之处，提出能降低造价的措施
着眼于发展，谋求将来的优势	承包商为了掌握某种有发展前途的园林工程施工技术，而采取低利等策略

1.1.5 投标文件的编制

1.1.5.1 投标文件的组成

投标文件是指一系列有关投标方面的书面资料。投标文件一般由以下部分组成：

（1）投标函；

（2）投标函附录；

（3）授权委托书；

（4）投标保证金；

（5）法定代表人资格证明书；

（6）联合体协议书；

（7）施工组织设计。

1.1.5.2　投标文件的编制的一般要求

（1）投标人编制投标文件时必须使用招标文件提供的投标文件表格格式，不能擅自修改表格格式，但可以按同样格式扩展。

（2）投标保证金、履约保证金的方式，按招标文件有关条款的规定选择。

（3）投标人根据招标文件的要求和条件填写投标文件的空格时，凡要求填写的空格都必须填写，否则即被视为放弃意见。

（4）实质性的项目或数字如工期、质量等级、价格等未填写的，将被视为无效投标文件处理。

（5）应当编制的投标文件"正本"仅一份，"副本"则按招标文件前附表所述的份数提供，同时要在标书封面标明"投标文件正本"和"投标文件副本"字样。投标文件正本和副本如有内容不一致，以正本为准。

（6）投标文件正本和副本均应使用不能擦去的墨水打印或书写，各种投标文件的填写字迹都要清晰、端正，补充设计图纸要整洁、美观。

（7）所有投标文件均由投标人的法定代表人签署、加盖印鉴，并加盖法人单位公章。

（8）填报投标文件应反复校核，保证分项和汇总计算均无错误。全套投标文件均应无涂改和行间插字，除非这些删改是根据招标人的要求进行的，或者是投标人造成的必须修改的错误。修改处应由投标文件签字人签字证明并加盖印鉴。

（9）投标人应将投标文件的技术标和商务标分别密封在内层包封，再密封在一个外层包封中，并在内封上标明"技术标"和"商务标"。标书包封的封口处都必须加贴封条，封条贴缝应全部加盖密封章或法人章。内层和外层包封都应由投标人的法定代表人签署、加盖印鉴，并加盖法人单位公章。

1.1.6　园林绿化工程投标报价的编制

1.1.6.1　投标报价策略

常用投标报价策略如表1-7所示。

常用投标报价策略　　　　　　　　　　　　　　表1-7

类型	内　　容	特　　点
扩大标价法	除按正常的已知条件编制标价外，对工程中变化较大或没有把握的工作项目，采用增加不可预见费的方法，扩大标价，以减少风险	优点是中标价即为结算价，减少了价格调整等麻烦；缺点是总价过高
不平衡报价法	在总报价基本确定的前提下，调整内部各个分项的报价，以期既不影响总报价，又可在中标后满足资金周转的需要，获得较理想的经济效益	能早日结账收回工程款、后期工程量可能增加的、暂定项目实施可能性较大的项目可适当报高价

类型	内　　容	特　　点
多方案报价法	同一个招标项目除了按招标文件的要求编制一个投标报价以外，还编制一个或几个建议方案	适用于招标文件条款不明确或不合理的情况，通过多方案报价，既可提高中标机会，又可减少风险
突然降价法	投标报价的过程中预先考虑好降价的幅度，等临近投标截止日期时，突然降低报价，以期战胜竞争对手	迷惑竞争对手而采用的一种竞争方法，如事先有意散布一些假情报，类似弃标，或按一般情况报价，甚至报高价等

1.1.6.2　投标报价的编制

投标报价文件的内容包括：

（1）投标报价封面。

（2）总说明。

（3）工程项目投标报价汇总表。

（4）单项工程投标报价汇总表。

（5）单位工程投标报价汇总表。

（6）分部分项工程量清单与计价表。

编制投标报价时，投标人对表中的"项目编码""项目名称""项目特征""计量单位""工程量"均不应做改动。

（7）工程量清单综合单价分析表。

编制投标报价时，使用工程量清单综合单价分析表可填写使用的省级或行业建设主管部门发布的计价定额，如不使用，不填写。

（8）措施项目清单与计价表。

措施项目报价与投标人的施工装备、技术水平和采用的施工方法有关，投标人投标时应根据自身编制的投标施工组织设计（或施工方案）确定措施项目，并对招标人提供的措施项目进行调整。措施项目费的计算包括以下几项：

1）措施项目的内容应依据招标人提供的措施项目清单和投标人投标时拟定的施工组织设计或施工方案。

2）措施项目费的计价方式应根据招标文件的规定，可以计算工程量的措施清单项目采用综合单价方式报价，其余的措施清单项目采用以"项"为计量单位的方式报价。

3）措施项目费由投标人自主确定，但其中安全文明施工费应按国家或省级、行业建设主管部门的规定确定。

（9）其他项目清单表。

其他项目清单表适用于以分部分项工程量清单项目综合单价方式计价的措施项目。

1）暂列金额应按照其他项目清单中列出的金额填写，不得变动。

2）暂估价不得变动和更改。暂估价中的材料必须按照暂估单价计入综合单价，专业工程暂估价必须按照其他项目清单中列出的金额填写。

3）计日工应按照其他项目清单列出的项目和估算的数量，自主确定各项综合单价并计算费用。

4）总承包服务费应依据招标人在招标文件中列出的分包专业工程内容和供应材料、设备情况，按照招标人提出的协调、配合与服务要求和施工现场管理需要自主确定。

（10）规费和税金项目清单与计价表。

规费和税金的计取标准是依据有关法律、法规和政策规定制定的，具有强制性。

1.2　园林绿化工程施工合同

1.2.1　施工合同基础

1.2.1.1　施工合同的类型

施工合同的类型如表 1-8 所示。

园林绿化工程施工合同的类型　　　　　　　　　　表 1-8

分类方式	合同类型	内　　容
依据工程范围 分类	施工总承包	承包商承担一个工程的全部施工任务
	专业承包	单位工程施工承包和特殊专业工程施工承包
	分包合同	承包商将施工承包合同范围内的一些工程或工作委托给另外的承包商来完成
依据计价方式 分类	固定总价合同	在工程任务和内容明确，发包人的要求和条件清楚的情况下，以图纸及规定、规范为基础，由承发包双方就所承包的项目协商确定总价，不因环境的变化和工程量增减而变化
	可调总价合同	是以图纸及规范、规定为基础，按照"时价"进行计算，得到包括全部工程任务和内容的暂定合同价格
	固定单价合同	承包人在投标时，按照投标文件就分部分项工程所列出的工程量表确定各分部分项工程费用的合同类型，各项单价在合同执行期间不因价格变化而调整
	可调单价合同	合同中确定的单价可调，一般是在工程招标文件中进行规定
	定额计价的合同	采用实物计量方式套用定额按"时价"来确定工程直接成本，然后在此基础上按规定计取其他各项费用的合同形式
	成本加酬金合同	由发包人向承包人支付工程项目的实际成本，并按事先约定的某种方式支付酬金的合同类型

1.2.1.2　施工合同的组成和内容

1.《建设工程施工合同（示范文本）》

住房和城乡建设部、国家工商行政管理总局对《建设工程施工合同（示范文本）》GF—2013—0201 进行了修订，制定了《建设工程施工合同（示范文本）》GF—2017—0201（以下简称《示范文本》）。《示范文本》由合同协议书、通用合同条款和专用合同条款三部分组成，同时包括三个附件，分别为"承包人承揽工程项目一览表""发包人供应材料设备一览表"和"工程质量保修书"。

（1）合同协议书集中约定了合同当事人基本的合同权利义务；

（2）通用合同条款是指合同当事人根据《中华人民共和国建筑法》（以下简称《建筑法》）、《中华人民共和国合同法》（以下简称《合同法》）等法律法规规定，就工程建设的实施及相关事项，对合同当事人的权利义务作出的原则性约定；

（3）专用合同条款是对通用合同条款原则性约定的细化、完善、补充、修改或另行约定的条款。

2.《园林绿化工程施工合同（示范文本）（试行）》

《园林绿化工程施工合同（示范文本）（试行）》GF—2020—2605 由住房和城乡建设部、

市场监管总局参照《示范文本》编制，旨在为园林绿化建设工程施工当事方提供方便、灵活、实用、规范的参考文本，指导合同当事人的签约行为，维护合同当事人的合法权益。合同增加了针对园林绿化工程特性的条款和约定，突出园林绿化工程特殊性和专业性特点。

合同文本主体内容由合同协议书、通用合同条款和专用合同条款3部分组成。其中合同协议书共16条，集中约定了合同当事人的合同权利义务；通用合同条款共20条，采用《示范文本》中的"通用合同条款"；专用合同条款共20条，部分是根据国家和地方的法律、法规、管理规定及建筑市场惯例、园林绿化建设工程特性制订，属承发包双方根据工程实际及双方意愿，予以专门约定的内容。

《园林绿化工程施工合同（示范文本）（试行）》于2020年10月发布，2021年1月1日起试行。

1.2.1.3 施工合同文件的构成

协议书与下列文件一起构成合同文件：

（1）中标通知书；

（2）投标函及其附录；

（3）专用合同条款及其附件；

（4）通用合同条款；

（5）技术标准和要求；

（6）图纸；

（7）已标价工程量清单或预算书；

（8）其他合同文件。

合同文件组成之间的关系如下：

（1）在合同订立及履行过程中形成的与合同有关的文件均为合同文件组成部分；

（2）上述各项合同文件包括合同当事人就该项合同文件所作出的补充和修改，属于同一类内容的文件，应以最新签署的为准；

（3）专用合同条款及其附件须经合同当事人签字或盖章；

（4）施工合同文件各组成部分应能够互相解释、互相说明。当合同文件中出现不一致时，上述顺序就是合同的优先解释顺序。当合同文件出现含糊不清或者当事人有不同理解时，按照合同争议的解决方式处理。

1.2.1.4 施工合同的内容

根据《建设工程施工合同管理办法》，施工合同主要应具备以下主要内容：

（1）工程名称、地点、范围、内容，工程价款及开竣工日期；

（2）双方的权利、义务和一般责任；

（3）施工组织设计的编制要求和工期调整的处置办法；

（4）工程质量要求、检验与验收方法；

（5）合同价款调整与支付方式；

（6）材料、设备的供应方式与质量标准；

（7）设计变更；

（8）竣工条件与结算方式；

（9）违约责任与处置办法；

（10）争议解决方式；

（11）安全生产防护措施。

1.2.2　施工合同的签订

1.2.2.1　施工合同的签订条件

签订施工合同必须依据《合同法》《建筑法》《招标投标法》和《建设工程质量管理条例》等有关法律、法规，按照《建设工程施工合同示范文本》的"合同条件"，明确规定合同双方的权利、义务，并各尽其责，共同保证工程项目按合同规定的工期、质量、造价等要求完成。

签订施工合同必须具备以下条件：

（1）初步设计已经批准；

（2）工程项目列入年度建设计划；

（3）有能够满足施工需要的设计文件和有关技术资料；

（4）建设资金和主要建筑材料、设备来源已经落实；

（5）招投标工程中标通知书已经下达；

（6）建筑场地、水源、电源、气源及运输道路已具备或在开工前完成等。

只有上述条件成立时，施工合同才具有有效性，并能保证合同双方都能正确履行合同，以免在实施过程中引起不必要的违约和纠纷，从而圆满地完成合同规定的各项要求。

1.2.2.2　施工合同的签订

施工合同签订的形式、原则等相关要求如表1-9所示。

施工合同签订的相关要求　　　　　　　　　　　　　　　　表 1-9

项目	内　　容
签订形式	书面形式、口头形式和其他形式。园林绿化工程施工合同应采用书面形式签订
签订基础	《合同法》是建筑施工合同签订履行的基础。合同当事人的法律地位平等，一方不得将自己的意志强加给另一方
原则	当事人订立、履行合同应当遵守法律、法规，尊重社会公德，不得扰乱社会经济秩序，损害社会公共利益，遵循公平原则、遵循诚实信用原则
法律效力	依法成立的合同，自成立时对当事人具有法律约束力。当事人应当按照约定履行自己的义务，不得擅自变更或者解除合同。法律、行政法规规定应当办理批准、登记等手续生效的，依照其规定
应注意的问题	1.《合同法》第五十二条规定，有下列情形之一的，合同无效： （1）一方以欺诈、胁迫的手段订立合同，损害国家利益； （2）恶意串通，损害国家、集体或者第三人利益； （3）以合法形式掩盖非法目的； （4）损害社会公共利益； （5）违反法律、行政法规的强制性规定。 2.《合同法》第五十三条规定，合同中的下列免责条款无效： （1）造成对方人身伤害的； （2）因故意或者重大过失造成对方财产损失的。 3.《合同法》第五十四条规定，下列合同，当事人一方有权请求人民法院或者仲裁机构变更或者撤销： （1）因重大误解订立的； （2）在订立合同时显失公平的。一方以欺诈、胁迫的手段或者乘人之危，使对方在违背真实意思的情况下订立的合同，受损害方有权请求人民法院或者仲裁机构变更或撤销。当事人请求变更的，人民法院或者仲裁机构不得撤销

【案例1-9】

某施工单位根据领取的某公园景观建设工程项目招标文件和全套施工图纸，采用低报价策略编制了投标文件，并获得中标。该施工单位（乙方）于 2018 年 7 月 8 日与建设单位（甲方）签订了该工程项目的固定价格施工合同。合同工期为 8 个月。甲方在乙方进入施工现场后，因资金紧缺，口头要求乙方暂停施工 1 个月，乙方也口头答应。工程按合同规定期限验收时，甲方发现工程质量有问题，要求返工。两个月后，返工完毕。结算时甲方认为乙方迟延交付工程，应按合同约定偿付逾期违约金。乙方认为临时停工是甲方要求的，乙方为抢工期，加快施工进度才出现了质量问题，因此迟延交付的责任不在乙方。甲方则认为临时停工和不顺延工期是当时乙方答应的，乙方应履行承诺，承担违约责任。

分析：

建设工程施工合同以付款方式不同可分为：固定价格合同、可调价格合同和成本加酬金合同。固定价格合同适用于工程量不大且能够较准确计算、工期较短、技术不太复杂、风险不大的项目。该工程基本符合这些条件，故采用固定价格合同是合适的。

《合同法》和《示范文本》等有关规定，建设工程合同应当采取书面形式，合同变更亦应当采取书面形式。若在应急情况下，可采取口头形式，但事后应予以书面形式确认，否则，在合同双方对合同变更内容有争议时，只能以书面协议的内容为准。案例中甲方要求临时停工，乙方也答应，是甲、乙双方的口头协议，且事后并未以书面的形式确认，所以该合同变更形式不妥。在竣工结算时双方发生了争议，对此只能以原合同规定为准。施工期间，甲方未能及时支付工程款，应对停工承担责任，故应当赔偿乙方停工 1 个月的实际经济损失，工期顺延 1 个月。工程因质量问题返工，造成逾期交付，责任在乙方，故乙方应当支付逾期交工 1 个月的违约金，因质量问题引起的返工费由乙方承担。

【案例 1-10】

甲园林工程公司作为施工总承包单位，将所承揽的部分施工项目分包给了乙绿化工程公司，并签订了书面协议。施工过程中，甲公司将原本不属于分包范围的广场景观工程委托给乙方施工，因为双方一直合作良好，增加的这一部分广场景观工程仅仅口头约定了相关的事项而没有签订书面合同。2013 年 9 月 8 日，乙公司完成了甲公司要求完成的施工项目后，向甲公司要求支付工程款。甲公司仅支付了原分包合同的款项，而增加部分以没有签订书面合同不符合法律规定为由拒绝承担支付工程款的义务。

分析：

《合同法》第二百七十条规定："建设工程合同应当采用书面形式。"这里的应当是必须的意思，案例中的工程施工分包合同属于建设工程合同，也就是说当事人必须签订书面补充协议。双方之前因为合作良好而没有签订书面协议，明显不符合法律规定，应当是无效的，但是《合同法》第三十六条规定了例外的情况："法律、行政法规规定或者当事人约定采用书面形式订立合同，当事人未采用书面形式但一方已经履行主要义务，对方接受的，该合同成立。"施工分包合同作为建设工程合同应当用书面形式而没有采用，但是乙公司已经履行了主要义务，并且甲公司也予以了验收认可，有相关的验收文件可以证明，因此该合同是成立的，甲公司应当支付工程款。

1.2.3　施工合同的审查

1.2.3.1　效力审查

园林绿化工程施工合同依法签订，即受法律保护并对当事人具有法律约束力，当事人双方应当按照约定履行自己的义务，不得擅自变更或解除合同。有效的工程施工合同是遵守法律法规，维护当事人权益的前提，也是利于建设工程顺利地进行的保证。

对工程施工合同效力的审查，从合同主体、客体、内容三方面加以考察。结合实践情况，主要审查以下几个方面：

（1）订立合同的双方是否具有经营资格；

（2）工程施工合同的主体是否缺少相应资质；

（3）所签订的合同是否违反分包和转包的有关规定；

（4）订立的合同是否违反法定程序；

（5）所订立的合同是否违反其他法律和行政法规。

1.2.3.2 内容审查

合同条款的内容直接关系到合同双方的权利、义务，在工程施工合同签订之前，应当严格审查各项合同内容，尤其应注意如下内容：

（1）确定合理的工期；

（2）明确双方代表的权限；

（3）明确工程造价或工程造价的计算方法；

（4）明确材料和设备的供应；

（5）明确工程竣工交付使用的标准；

（6）明确最低保修年限和合理使用寿命的质量保证；

（7）明确违约责任。

1.2.4 施工合同风险管理

1.2.4.1 施工合同风险及管理

施工合同风险是指在工程施工合同签订和履行过程中由于主客观原因而使当事人可能遭遇的经济损失，即工程施工合同的不确定性。

风险管理是人们对潜在的意外损失进行辨识、评估、预防和控制的过程，是用最低的费用把项目中可能发生的各种风险控制在最低限度的一种管理体系。施工合同风险的类型及管理意义如表1-10所示。

施工合同风险的类型及管理意义　　　　　　　　　表1-10

事项	内　容
合同风险类别	（1）客观风险，法律法规、合同条件以及国际惯例规定的，其风险责任是合同双方无法回避的，通过人的主观努力往往无法控制； （2）主观性风险，人为因素引起的，同时能通过人为因素避免或控制的合同风险
风险管理的意义	（1）有助于建设工程施工合同订立过程中风险的识别，在合同订立实践中增强风险理念； （2）有助于建立科学的工程合同风险管理机制，保障建设项目管理的正确性，提高合同风险管理水平，加强合同风险损失的防范与控制，保障施工项目的顺利实现； （3）有助于减少经济损失，提高其工作效率； （4）有利于提高经济效益。风险管理以最小成本获取最大风险管理效果为宗旨，通过风险管理可以达成减少风险损失，提高项目的经济效益的目标； （5）有助于加强安全保障和安全措施，履行社会责任； （6）有利于政府利用风险机制进行宏观调控，调节和促进工程建设行业的发展

1.2.4.2 合同风险管理的基本程序

合同风险管理的基本程序如表1-11所示。

合同风险管理的基本程序　　　　　　　　　　　　　表 1-11

程序	内　　容
风险识别	（1）项目状态的分析：将项目原始状态与可能状态进行比较分析； （2）对项目进行结构分解：通过对项目的结构分解，辨认存在风险的环节和子项； （3）历史资料分析：通过对以往相似项目情况的历史资料分析，识别目前项目的潜在风险； （4）确认不确定性的客观存在：辨识所发现或推测的因素是否存在不确定性，确认这种不确定性是否为客观存在的，符合这两个条件的因素即视作风险
风险评估	采用科学的评估方法将辨识并经分类的风险进行评估，再根据其评估值大小予以分级排序，为有针对性、有重点地管理好风险提供科学依据
风险的处置	根据风险评估以及风险分析的结果，采取相应的措施，制定并实施风险处置计划

1.2.4.3　风险管理的基本策略

常用的风险处置措施主要有四种，如表 1-12 所示。

常用的风险处置措施　　　　　　　　　　　　　表 1-12

类型	内　　容	特　　点
风险回避	评估风险及其所致损失很大时，主动放弃或终止该项目，以避免与该项目相联系的风险及其所致损失的一种处置风险的方式	（1）某风险所致的损失频率和损失幅度都相当高； （2）应用其他风险管理方法的成本超过了其产生的效益
风险控制	对损失小、概率大的风险，采取控制措施来降低风险发生的概率，当风险事件已经发生则尽可能降低风险事件的损失	（1）熟悉和掌握有关工程施工阶段的法律法规； （2）深入研究和全面分析招标文件； （3）签订完善的施工合同； （4）掌握要素市场价格动态； （5）履行合同过程中加强工程风险控制
风险转移	通过合同或协议，在风险事件发生时将损失的一部分或全部转移到有相互经济利益关系的另一方	（1）利用索赔制度，相互转移风险； （2）向第三方转移风险
风险保留	对损失小、概率小的风险留给自己承担	（1）处理风险的成本大于承担风险所付出的代价； （2）预计项目可以安全承担某一风险造成的最大损失； （3）当风险降低、风险控制、风险转移等风险控制方法均不可行时； （4）没有识别出风险，错过了采取积极措施处置的时机

1.2.4.4　施工合同风险管理

1. 施工合同风险来源

合同内容不同，风险来源也不同。常见的园林绿化工程施工合同风险如表 1-13 所示。

施工合同风险来源　　　　　　　　　　　　　表 1-13

类型	内　　容
来自业主方的风险	业主资信风险；业主违法违规风险；工程变更风险；业主利用有利的竞争地位和起草合同的便利条件，在合同中确定不平等条款的风险；故意刁难拖欠工程款的风险等
来自外界环境的风险	市场价格风险、政治环境突变风险、经济环境变化风险、自然环境因素风险、政策风险等
来自承包商内部的风险	技术水平风险、人力资源变动、组织结构不当、岗位职责不清、管理制度不完善、资源供应不到位、协调不力、现金流困难等方面的风险

2. 承包商的风险对策

对于承包商，任何一份承包合同都会存在程度不同的风险，问题在于对合同中的风险必须认真对待，采取对策，将风险降至最低限度。常用的风险对策如表 1-14 所示。

常用的风险对策　　　　　　　　　　　　　　　　表 1-14

项目	内　　容
投标报价	（1）提高报价中的不可预见风险费，弥补风险给承包商带来的部分损失； （2）采取谈判中升级报价或多方案报价等报价策略，以降低、避免或转移风险
通过谈判合理分担风险	（1）充分考虑合同实施过程中可能发生的各种情况，在合同中予以详细、具体地规定，防止意外风险； （2）使风险型条款合理化，力争对责权利不平衡条款、单方面约束性条款做修改或限定，防止独立承担风险； （3）将一些风险较大的合同责任推给发包人，以减少风险； （4）通过合同谈判争取在合同条款中增加对承包人权益的保护性条款
购买保险	工程保险是业主和承包人转移风险的一种重要手段。当出现保险范围内的风险，造成财物损失时，承包商可以向保险公司索赔，以获得一定数量的赔偿
采取技术、经济和管理的措施	（1）组织最得力的投标班子，进行详细的招标文件分析，作详细的环境调查，通过周密的计划和组织，作精细的报价以降低投标风险； （2）对技术复杂的工程，采用新技术同时又是成熟的工艺、设备和施工方法； （3）对风险大的工程派遣最得力的项目经理、技术人员、合同管理人员等，组成精干的项目管理小组； （4）施工企业对风险大的工程，在技术力量、机械装备、材料供应、资金供应、劳务安排等方面予以特殊对待，全力保证该合同的实施； （5）对风险大的工程，应制定更周密的计划，采用有效的检查、监督和控制手段等； （6）风险大的工程应该作为施工企业的各职能部门管理工作的重点，从各个方面予以保证
工程施工过程中加强索赔管理	用索赔来弥补或减少损失、提高合同价格、增加工程收益、补偿由风险造成的损失
采用其他对策	（1）将一些风险大的分项工程分包出去，向分包商转嫁风险； （2）与其他承包人联营承包，建立联营体，共同承担风险等

第2章　园林绿化工程施工准备管理实务

2.1　园林绿化工程施工准备

　　园林绿化工程施工需要根据具体工程的需求和条件，按照施工项目的规划来确定准备工作的内容。一般园林绿化工程必需的准备工作主要内容包括施工调查、劳动组织准备、技术准备、物资准备、现场准备五个方面，如图 2-1 所示。

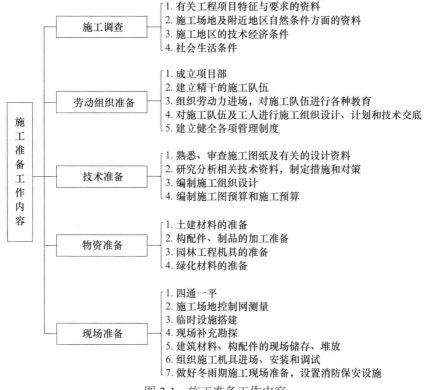

图 2-1　施工准备工作内容

2.1.1　施工调查

2.1.1.1　调查有关工程项目特征与要求的资料

　　（1）结合招标文件及招标工程量清单，进行现场踏勘，了解工程相关资料，充分了解建设目的和设计意图；

　　（2）弄清设计规模及工程特点；

　　（3）了解生产工艺流程与工艺设备特点及来源；

　　（4）摸清对工程分期、分批施工、配套交付使用的顺序要求，图纸交付的时间以及工程施工的质量要求和技术难点等。

2.1.1.2 调查施工场地及附近地区自然条件方面的资料

（1）地形和环境条件；

（2）地质条件；

（3）抗震设防烈度；

（4）工程水文地质情况；

（5）气候条件；

（6）周边植被情况。

具体调查项目详见表 2-1。

施工场地自然条件调查一览表　　　　　　　　　　　　　　　表 2-1

项目	调查内容	调查目的
气温	（1）年平均、最高、最低温度，最冷、最热月份的逐日平均温度； （2）冬、夏季室外计算温度； （3）≤ -3℃、0℃、5℃的天数及起止时间	（1）确定防暑降温的措施； （2）确定冬期施工的措施
雨（雪）	（1）雨期起止时间； （2）月平均降雨（雪）量，最大降雨（雪）量，一昼夜最大降雨（雪）量； （3）全年雷暴日数	（1）确定雨期的施工措施； （2）确定工地排水、防洪方案； （3）确定工地防雷设施
风	（1）主导风向及频率（风玫瑰图）； （2）≥ 8 级风的全年天数及时间	（1）确定临时设施的布置方案； （2）确定高空作业及吊装的技术安全措施
地形	（1）区域地形图：1/10000～1/25000； （2）工程位置地形图：1/1000～1/2000 （3）该地区城市规划图 （4）经纬坐标桩、水准基桩位置	（1）选择施工用地； （2）布置施工总平面图； （3）场地平整及土方量计算； （4）了解障碍物及其数量
地质	（1）钻孔布置图； （2）地质剖面图：土层类别、厚度； （3）物理力学指标：天然含水量及地基强度等； （4）地层的稳定性：断层滑块、流沙； （5）最大冻结深度； （6）地基土的破坏情况	（1）土方施工方法的选择； （2）地基土的处理方法； （3）基础施工方法； （4）复核地基基础设计； （5）地下管道建设深度； （6）拟定障碍物拆除方案
地震	抗震设防烈度	确定对基础的影响、注意事项
植被	周边植物生长情况	了解周边植物生长情况并初步判断配置合理性

2.1.1.3 施工区域的技术经济条件调查

技术经济调查主要包括建设地区供水，供电，供气条件调查，交通运输条件及地方材料供应情况和当地协作条件，具体内容如表 2-2、表 2-3 所示。

建设地区供水、供电、供气条件调查表　　　　　　　　　　　表 2-2

项目	调 查 内 容
供水与排水	（1）与当地现有水源连接的可能性，可供水量，接管地点至工地的距离等； （2）临时供水源：利用江河、湖水的可能性，水源、水量、水质及取水方式，至工地的距离，临时水井位置、深度、出水量、水质； （3）利用永久排水设施的可能性，有无洪水影响，另外还需考虑已有主管网是否能容纳园林项目排水量； （4）施工场地内地下供水及排水管线情况（位置和埋深）

项目	调查内容
供电与电信	（1）电源位置，引入的可能，允许供电容量，电压、电费，接线地点至工地的距离，地形地物情况； （2）建设、施工单位自有发电、变电设备的型号、台数、能力； （3）利用邻近电信设备的可能性，电话、电报局至工地的距离，增设电话设备和线路的可能性
供气	（1）蒸汽来源，可供能力、数量，接管地点，管径、埋深，至工地的距离，地形地物情况，供气价格； （2）建设、施工单位自有锅炉的型号、台数、能力、所需燃料、用水水质； （3）当地、建设单位提供压缩空气、氧气的能力，至工地的距离

建设地区交通运输条件调查表　　　表 2-3

项目	调查内容
铁路	（1）邻近铁路专用线，车站至工地距离及运输条件； （2）站、场卸货线长度，起重能力和存储能力； （3）需装载的单个货物的最大尺寸、重量； （4）运费、装卸费和装卸力量
公路	（1）到施工现场的公路等级、路面构造、路宽及完好情况、允许最大载重，途经桥涵等级，允许最大载重量； （2）当地专业运输机构及附近农村能够提供的运输能力（吨、公里数），汽车、人力、畜力车数量和效率，运费、装卸费和装卸能力； （3）当地汽车修配厂至现场工地距离，能提供的修理能力
水路	（1）货源、工地至邻近河流、码头、渡口的距离，道路情况； （2）洪水、平水、枯水期通航的最大船只及吨位，取得船只的可能性； （3）码头装卸能力，最大起重量，增设码头的可能性；渡口的渡船能力，能为施工提供的运力等；运费、摆渡费、装卸费及装卸能力

2.1.1.4　社会生活条件调查

社会生活条件调查内容如表 2-4 所示。

建设地区社会生活条件调查表　　　表 2-4

项目	调查内容
社会劳动力	（1）当地能支援施工的劳动力数量、技术水平和来源； （2）少数民族地区的风俗、民情、习惯； （3）上述劳动力的生活安排、居住远近
房屋设施	（1）能作为施工用的现有房屋数量、面积、结构特征、位置，距工地远近，水、暖、电、卫设备情况； （2）上述建筑物的适用情况，能否作为宿舍、食堂、办公、生产等用； （3）需在工地居住的人数和必需的户数
生活	（1）当地主、副食品商店，日常生活用品供应，文化、教育设施，消防、治安等机构，供应或满足需要的能力； （2）邻近医疗单位至工地的距离，可能提供服务的情况； （3）周围有无有害气体排放企业和地方疾病； （4）施工现场与居民区的距离，合理规划机械设备进退场及场内机械布置情况

【案例 2-1】

某施工单位中标一老旧小区绿化改造工程，由于该工程任务紧，施工单位未进行详细的前期调查就进场了，进场施工后发现如下问题：

（1）施工现场有多棵古树名木，而设计图纸里并未标出；

（2）由于施工时间在雨季，附近排水设施老旧，施工现场经常出现淹水现象。

试分析该单位在前期施工调查中遗漏了哪些内容。

分析：

施工单位未对施工现场的自然条件情况及现状排水条件进行调查，应调查利用市政排水设施的具体情况，包括排水去向、排水距离、排水坡度、排水量等。在工程开工前，施工单位应组织人员对施工现场情况进行踏勘，掌握场地现状，并与施工图纸进行对照，将施工图中未标出的古树名木告知业主及设计人员及时解决。

2.1.2　劳动组织准备

劳动组织准备的具体内容如表 2-5 所示。

劳动组织准备一览表　　　　　　　　　　　　　　　　表 2-5

劳动组织	具 体 内 容
成立项目部	根据施工项目的规模、结构特点和复杂程度建立，建立与之相应的项目经理部，确定组织架构形式及人员职责分工
建立施工队伍	施工队组的建立要考虑专业、工种的合理配合，坚持合理、精干、高效的原则。同时制定出该工程的劳动力需要量计划
组织劳动力进场	按照开工日期和劳动力需要量计划组织劳动力进场，同时要进行安全、防火和文明施工等方面的教育，并安排好职工的生活
施工组织设计、计划、技术交底	施工组织设计、计划和技术交底的时间在单位工程或分部分项工程开工前及时进行，之后要组织其成员进行认真的分析研究，必要时应该进行示范，并明确任务及做好分工协作
建立健全各项管理制度	园林工程施工需建立健全工地的各项管理制度，其内容包括工程质量检查与验收制度；工程技术档案管理制度；园林工程建设材料的检查验收制度；技术责任制度；员工考勤、考核制度等

【案例 2-2】

某园林单位承建了 B 市街头公园景观工程，在前期劳动组织过程中，应如何组建项目的领导机构及施工队伍？

分析：

施工组织领导机构应根据施工项目的规模、结构特点和复杂程度建立，确定项目施工的领导机构人选和名额，坚持合理分工与密切协作相组合，把有施工经验、有创新精神、有工作效率的人选入领导机构，认真执行因事设职、因职选人的原则。组织领导机构的设置程序如图 2-2 所示。

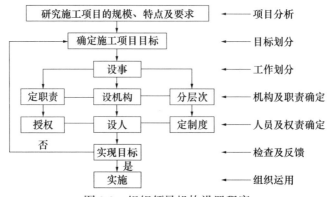

图 2-2　组织领导机构设置程序

队伍班组的建立要认真考虑专业、工种的合理配合。技工、普工的比例要满足合理的劳动组织，要符合流水施工组织方式的要求，确定建立队伍班组（是专业队伍班组，或是混合队伍班组）要坚持合理、精干、高效的原则。人员配置要从严控制二、三线管理人员，力求一专多能、一人多职，同时制定出该工程的劳动力配置计划。

2.1.3 技术资料的准备

中标后及时进行技术交底，并按技术交底的要点进行技术资料准备，技术准备工作包括以下内容：

（1）熟悉、审查施工图纸和有关设计资料；

（2）向建设单位，设计单位索取相关技术资料进行研究分析，结合现场踏勘的情况，找出影响施工的主要问题与难点，在技术上制定措施和对策；

（3）编制施工组织设计，根据工程技术特点，确定合理的施工资质和技术方案；

（4）编制施工图预算和施工预算。

2.1.4 物资准备

园林工程施工所需要的原材料，构件，机具和设备等是保证施工完成的重要基础。主要包括以下内容：

（1）土建材料准备（水泥、钢材、石材、陶瓷饰面等）；

（2）构配件制品的加工准备；

（3）园林工程机具的准备；

（4）绿化材料的准备：根据施工预算与设计图纸确定所需要的植物品种，规格及数量。

物资工作准备程序：编制物资需求量计划—组织货源、签订物资供应合同—拟定物资运输计划和方案—安排物资进场，并在指定地点储存和堆放。

2.1.5 施工现场准备

施工场地自然条件调查情况见表2-6。

施工场地自然条件调查一览表 表2-6

现场准备	具 体 内 容
四通一平	（1）平整施工场地； （2）修通道路； （3）水通，包括给水和排水两个方面； （4）电通； （5）通信
测量控制网	按照设计总平面图及建设方提交的施工场地范围规划红线桩、工程控制坐标桩和水准基桩，进行施工现场的测量与定位
临时设施搭设	将指定的施工用地的周界用围挡围起来，在主要出入口处设置标牌，标明工程名称、施工单位等信息，修建各种生产、生活需用的临时设施
现场补充勘探	在已进行过勘探的施工场地或在园林设计、基建、施工过程中，发现某些方面有重大误差，对某一方面所进行的专门性地质勘探工作
建筑材料、构配件的现场储存、堆放	根据各项材料的需求量计划，按规定的地点和方式进行存放；植物材料一般应该随到随栽，无需提前进场，若进场后不能立即栽植，要提前选好假植地点

续表

现场准备	具 体 内 容
组织施工机具进场、安装和调试	根据施工机具需要量计划，按施工平面图要求，组织施工机械、设备和工具进场，并进行相应的保养和试运转等准备工作
冬期和雨期施工现场准备	需要根据不同的季节、不同的天气做好季节性施工准备，根据现场实际情况采取有针对性的质量安全措施

【案例 2-3】

A 园林公司于 2019 年 6 月承接了一项道路绿化工程，该公司计划当月开工建设，而 6 月中旬到次月初正好为当地的雨期，针对此情况该公司应做哪些准备工作？

分析：

季节性施工准备是施工现场准备的一个重要环节，应从以下几个方面着手准备：

（1）雨期到来，要建立防汛、防台风领导小组，指定专人收集天气预报资料，及时组织汛期前检查，建立雨期汛期值班制度。

（2）道路两旁应设置排水沟，做到有组织的排水，保证排水畅通，确保雨期场地不陷、不滑、不积水。

（3）所有机械作业棚要搭设严密，防止漏雨；机电设备采取防雨防淹措施，并有接地和防雷装置；移动电闸应有防雨措施、漏电保护装置。

（4）工具、材料妥善保管；绿篱机、袋装水泥、玻璃、木构件、油锯等园林绿化工具及材料应在仓库存放；木材应放在高处，防止水冲流失；钢筋、模板等应架设在高处，整齐堆放，并应限制高度。

（5）准备防水、防雨器材，对雨具、篷布、塑料布、水泵等器材要做充分准备，以供随时使用。

（6）浇筑混凝土及绿化施工前要收听天气预报，掌握气候变化情况，尽可能避开大雨。浇筑混凝土时要有防雨措施，准备好混凝土运输工具及现浇层的覆盖材料，以备浇筑混凝土时遇雨覆盖。

（7）雨期施工应及时测定砂石含水率，掌握其变化幅度，并及时调整混凝土、砂石施工配合比。

2.2　施工组织设计

2.2.1　施工组织设计基础

2.2.1.1　施工组织设计概念

园林绿化工程施工组织设计是以园林绿化工程为对象进行编制的用来指导工程施工的技术性文件。其核心内容是如何科学合理地安排好劳动力、材料、设备、资金和施工方法这五个主要的施工因素。

2.2.1.2　施工组织设计的基本内容

施工组织设计一般包括 5 个组成部分，分别是工程概况、施工部署及施工方案、施工进度计划、施工平面图和主要技术经济指标。具体内容如表 2-7 所示。

施工组织设计的具体内容   表 2-7

组成部分	具 体 内 容
工程概况	项目的性质、规模、结构特点、建设地点、建设期限；地区的地形、地质、水文和气象情况；施工力量、劳动力、机具、材料、构件等资源供应情况；施工环境及施工条件等
施工部署及施工方案	根据工程情况，结合资源条件，全面部署施工任务，合理安排施工顺序，确定主要工程的施工方案，并对施工方案进行定性、定量的分析，通过技术经济评价选择最佳方案
施工进度计划	反映最佳施工方案在时间上的安排，采用计划的形式，优化配置工期、成本、资源，符合项目目标的要求，使工序有序地进行，使工期、成本、资源等通过优化配置达到既定目标，在此基础上编制相应的人力和时间安排计划、资源需求计划和施工准备计划
施工平面图	施工方案及施工进度计划在空间上的全面安排，各种资源合理地布置在施工现场，使整个现场能有组织地进行文明施工
主要经济技术指标	衡量组织施工的水平，对施工组织设计文件的技术经济效益进行全面评价

2.2.1.3　施工组织设计的类型

园林绿化工程施工组织设计一般可分为投标前施工组织设计和中标后施工组织设计两大类。具体内容与特点如表 2-8 所示。

投标前和中标后施工组织设计的内容与特点   表 2-8

类型	投标前施工组织设计	中标后施工组织设计
内容	（1）施工方案、方法的选择； （2）施工进度计划； （3）施工平面布置； （4）主要技术组织措施，如保证质量、进度、安全文明施工等措施 （5）其他有关投标和签约措施	中标后施工组织设计根据设计阶段、编制广度、深度和具体作用的不同，一般可分为以下三部分内容： （1）园林工程施工组织总设计； （2）单项工程施工组织设计； （3）分部分项工程施工设计
特点	（1）投标前由企业工程技术人员编制； （2）按照招标文件的要求编写的大纲型文件，追求的是中标和经济效益，主要反映企业的竞争优势	（1）中标签约后由项目技术负责人编制； （2）指导项目准备和施工实施，追求施工效率和经济效益

2.2.1.4　施工组织设计的原则

施工组织设计是指导园林绿化工程施工的纲领性文件，应遵循以下几项原则：

（1）认真贯彻国家工程建设的法律、法规、规程、方针和政策。

（2）符合园林绿化工程的特点。充分考虑到各工种之间的衔接与穿插施工，同时还应严格执行工程建设程序，坚持合理的施工程序、施工顺序和施工工艺。另外，基于园林绿化工程本身对艺术再创造性的要求，施工中对于设计变更与调整做出一定的安排。

（3）采用现代工程管理原理、流水施工方法和网络计划技术，组织有节奏、均衡和连续的施工。

（4）优先选用先进施工技术，科学确定施工方案；认真编制各项实施计划，严格控制工程质量、工程进度、工程成本和安全施工。

（5）充分利用施工机械和设备，提高施工机械化、自动化程度，改善劳动条件，提高生产率。

（6）扩大预制装配范围，提高工程工业化程度；科学安排冬期和雨期施工，保证全年施工均衡性和连续性。

（7）制订施工安全操作规程和注意事项，确保安全生产和文明施工；认真做好生态环境和历史文物保护，严防振动、噪声、粉尘和垃圾污染。

（8）合理布置施工平面图，尽量减少临时工程，减少施工用地，降低园林工程成本。

（9）优化现场物资储存量，合理确定物资储存方式，尽量减少库存量和物资损耗。

【案例 2-4】

B 公司承接了 A 市小游园景观工程，预计四月进场施工，在安排施工程序时需要考虑哪几方面内容？

分析：

单位在进行施工组织设计时，在安排施工程序时主要考虑以下几个方面：

（1）要及时完成相关的准备工作。如拆除已有的建筑物，清理场地，设置围墙，铺设施工需要的临时性道路以及供水、供电管网，建设临时性工房、行政办公房屋、加工场地等，为正式施工创造良好条件。正式施工不是要求所有一切准备工作都做好再开始，只要准备工作能够做到基本上满足开工需要即可。因此，准备工作视施工的需要，可以是一次完成也可以是分期完成。

（2）正式施工时，条件具备时应该先进行全场性工程，然后再进行各个工程项目的施工。全场性工程即平整场地、铺设管网、修筑道路等。在正式施工之初完成这些工程，有利于场地内部的运输，充分利用永久性管网供水和排水，便于现场平面的管理。在安排管线道路施工程序时，一般宜先场外、后场内，场外由远而近；先主干、后分支；地下工程要先深后浅；排水要先下游、再上游。

（3）对于单个构筑物的施工顺序，既要考虑空间顺序，也要考虑工种之间顺序。空间顺序是解决施工流向的问题，必须根据生产需要、缩短工期和保证工程质量的要求来决定。工种顺序是解决时间上的搭接问题，必须做到保证质量，工种之间互相创造条件，充分利用工作面，争取时间。

（4）可供施工期间使用的永久性建筑物，如道路、各种管网、办公房屋和饭厅等，可以先行建造，以便减少暂设工程，节约投资。

（5）要充分考虑到园林建筑、园林工程各个工种之间的衔接与交叉穿插施工，同时还要考虑到园林植物种植季节的特点，使各类工种施工之间做出合理的施工程序安排。

2.2.2 园林绿化工程施工组织总设计

2.2.2.1 施工组织总设计编制依据

编制施工组织总设计一般以设计文件、计划文件及相关合同、工程勘察和调查资料、相关的行业规范、标准等资料为依据，如表 2-9 所示。

施工组织总设计的编制依据 表 2-9

编制依据	具 体 内 容
基础文件	（1）可行性研究报告及其批准文件； （2）规划红线范围和规划许可证； （3）勘察设计任务书，图纸和说明书； （4）初步设计或技术设计批准文件及设计图纸和说明书； （5）建设项目总概算，修正概算或设计总概算； （6）施工招标文件，中标通知书和工程承包合同文件

编制依据	具 体 内 容
工程建设政策法规，规范及标准	（1）关于工程建设报建程序有关规定； （2）关于动迁工作有关规定； （3）园林工程项目实施施工监理有关规定； （4）城市绿化行政主管部门关于企业管理有关规定； （5）当地造价管理部门关于工程造价管理有关规定； （6）关于工程设计、施工及验收的有关规定
建设地区原始勘察调查资料	（1）建设地区地形、地貌、工程地质、水文、气象等自然条件； （2）能源、交通运输、建筑及绿化材料、预制件、商品混凝土及构件、设备等技术经济条件； （3）当地政治、经济、文化、卫生等社会生活条件资料
类似项目经验资料	类似施工项目有关成本、工期、质量控制资料及技术新成果和管理资料

2.2.2.2 园林工程施工组织总设计编制程序

施工组织总设计的编制应遵循一定的程序，常用施工组织总设计的编制程序如图2-3所示。

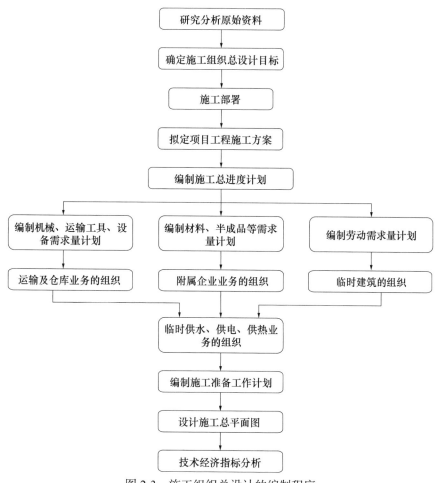

图 2-3 施工组织总设计的编制程序

2.2.2.3 园林绿化工程施工组织总设计编制内容

1. 工程概况

工程概况是对拟建园林建设项目所做的一个简单扼要、突出重点的文字介绍，包括以下几个方面：

（1）建设项目主要情况；

（2）建设项目的建设、设计、承包单位和建设监理单位；

（3）建设地区的特征（包括自然条件和技术经济条件）；

（4）施工项目施工条件；

（5）施工组织总设计目标。

2. 施工部署

施工部署即对整个园林建设项目施工做战略性的部署以及主要工程项目做出分期分批施工的安排，具体内容见表 2-10。

施工部署内容   表 2-10

项目	具 体 内 容
施工任务的组织分工和程序安排	（1）明确项目经理部组织机构； （2）明确工程总的目标，包括质量、工期、安全、成本和文明施工等目标； （3）明确工程总包范围和范围内的分包工程； （4）确定综合的或专业的施工组织； （5）划分各施工单位的任务项目和施工区段； （6）明确主攻项目和穿插施工的项目及其建设期限
主要项目的原则性施工方案	施工总方案应对主要项目的组织与技术方面的基本问题提出原则性的解决方案，如为全场服务的垂直运输机械采用何种形式的起重机、各负责哪些单位工程、周转时间及下一个目标以及对新工艺、新材料有什么要求等
主要工种工程的施工方法	结合建设项目的特点和当地施工习惯，采用先进合理可行的工业化、机械化施工方法

3. 总体性施工准备工作计划

（1）安排好场内外运输、施工用的主干道，水电气来源及其引入方案；

（2）安排好场地平整和全场性排水、防洪；

（3）安排好生产和生活基地建设；

（4）安排现场区内建筑材料、成品、半成品的货源和运输、储存方式；

（5）安排施工现场区域内的测量放线工作；

（6）编制新技术、新材料、新工艺、新结构的试验、测试与培训工作；

（7）做好冬雨期施工特殊准备工作。

4. 施工总进度计划

施工总进度计划是根据施工控制目标和施工部署的要求，合理确定工程项目施工的先后顺序、开工和竣工日期、施工期限及其之间的搭接关系，见表 2-11。

5. 施工资源配置计划；

（1）编制工程进度计划；

（2）劳动力资源配置计划；

施工组织总进度计划   表 2-11

项目	具 体 内 容
编制方法	（1）工程量分析计算； （2）确定各单位工程的施工进度； （3）确定单位工程开竣工时间和相互搭接关系； （4）编制施工总进度计划表； （5）调整初步进度计划并最终确定总进度计划
制定保证措施	（1）组织保证措施； （2）技术保证措施； （3）质量保证措施； （4）进度保证措施

（3）主要材料和预制品资源配置计划；

（4）主要施工机具、设备资源配置计划。

6. 施工总平面图

施工总平面图编制原则、内容及步骤如表 2-12 所示。

施工总平面图   表 2-12

项目	内 容
编制原则	（1）保证施工顺利进行的前提下少占场地； （2）合理布置施工设施，科学规划临时道路； （3）科学确定施工顺序，减少交叉作业； （4）充分利用各种永久性建筑物为施工服务； （5）临时设施布置要满足防火与技术安全的要求
编制内容	（1）施工用地范围； （2）已有和拟建的道路、广场、构筑物以及其他设施的标高和尺寸； （3）一切为施工服务的临时设施的位置； （4）取土及弃土位置； （5）永久性与半永久性坐标位置，必要时标出等高线
编制步骤	（1）研究物资供应情况及运输方式； （2）确定仓库和堆场的位置，特别注意植物材料假植的地点选择； （3）确定材料加工场地位置； （4）确定场地运输道路位置； （5）确定生活所用施工设施位置； （6）确定水电等管网和动力设施位置； （7）评价施工总平面图指标

【案例 2-5】

某园林施工单位中标了一项校园景观工程，为了节约资金，公司负责人想在满足施工需要的条件下，尽量减少临时工程的费用，在施工平面布局上应考虑哪些内容？

分析：

在施工平面布局上主要考虑以下几方面内容：

（1）依据校园建筑特点，尽最大可能利用现有的建筑物以及可供施工使用的设施，争取提前修建拟建永久性建筑物、道路以及给水排水管网、电力设备等。

（2）对于临时工程的结构，应尽量采用简单的装拆式结构，尽可能使用当地的廉价材料。

（3）临时道路的选线应该考虑沿自然标高修筑，以减少土方工程量。修筑临时汽车路时，可根据运输的强度采用不同的构造与宽度。

（4）加工厂的位置，在考虑生产需要的同时，应选择费用最少之处。

（5）中心供应装置及仓库等，应尽可能布置在使用者中心或靠近中心。这主要是为了使管线长度最短、断面最小以及运输道路最短、供应方便，同时还可以降低水头损失、电压损失以及降低养护与修理费用等。

2.2.3　园林绿化工程单位工程施工组织设计

2.2.3.1　单位工程施工组织设计的编制依据

单位工程施工组织设计的编制依据见表2-13。

单位工程施工组织设计的编制依据　　　　　表2-13

编制依据	具 体 内 容
工程合同对该工程项目的要求	开、竣工日期，建设单位对工期和工程使用要求
设计文件	该工程的全部施工图纸及相关的标准图
施工组织总设计	对该工程的施工规划和有关规定及要求，年度施工计划安排及完成的各项指标
建设单位提供条件	施工所需占用的场地，水、电的来源及供应，临时房屋等情况
施工单位具备条件	施工单位对本工程可提供的条件，如劳动力、主要施工机械设备、各专业工人数以及年度计划
国家和地区的有关规程、规范、规定	施工验收规范、工程质量与安全要求及各种有关的技术定额
类似项目经验资料	类似工程项目有关施工经验资料及技术新成果

2.2.3.2　单位工程施工组织设计编制程序

单位工程施工组织设计的常见编制程序如图2-4所示。

2.2.3.3　园林绿化工程单位工程施工组织设计编制内容

1. 工程概况

单位工程施工组织设计中的工程概况，是对拟建园林绿化工程的工程特点、地点特征和施工条件等所做的一个简要的、突出重点的文字介绍，具体内容如表2-14所示。

2. 施工方案

施工方案是单位工程施工组织设计的核心问题，一般包括以下几个方面：

（1）编制前的准备工作：熟悉审核施工图纸，领会设计意图。

（2）确定施工程序：接受任务阶段→开工前的准备阶段→全面施工阶段→竣工验收阶段。

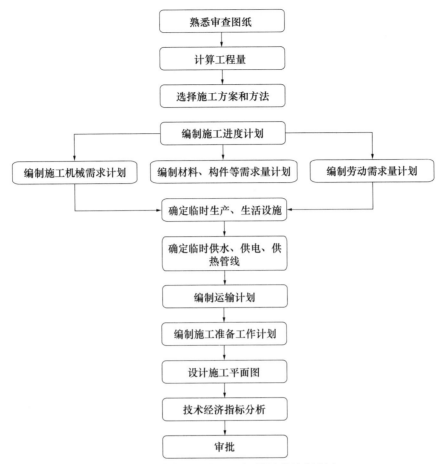

图 2-4 单位工程施工组织设计的编制程序

单位工程施工组织设计的编制内容 表 2-14

项目	具 体 内 容
工程建设概况	包括拟建工程的建设单位、工程名称、性质、用途和建设目的,资金来源及工程投资额、开竣工日期、设计单位、施工单位等
工程施工概况	(1)建设地点的特征:拟建园林工程的位置、地形、工程地质与水文地质条件、不同深度土壤的分析、冻结期间与冻层厚度等; (2)施工条件:水、电、道路及场地的"四通一平"、现场临时设施、施工现场及周围环境等情况; (3)施工特点:园林绿化工程施工的重点所在,以便在选择施工方案、组织资源供应以及在施工准备工作上采取有效措施,提高经济效益

(3)划分流水段。

(4)确定施工起点流向。

(5)确定施工顺序。

(6)确定施工方法和施工机械。

(7)施工方案的技术经济比较。

【案例 2-6】

某园林公司承接了一项小庭院景观工程。在编制单位工程施工组织设计时,该单位应如何确定合适的施工方法和机械? 为达到最优施工效果, 该单位制定了多套施工方案。评价施工方案的指标有哪些?

分析:

选择施工方法和施工机械是施工方案中的关键问题。它直接影响施工进度、施工质量和安全, 以及工程成本。编制施工组织设计时, 必须根据工程的建筑结构、工程量的大小、工期长短、资源供应情况、施工现场的条件和周围环境, 制定可行方案, 并且进行技术经济比较, 确定最优方案。

(1) 选择施工方法。选择施工方法时, 应着重考虑影响整个单位工程施工的分部分项工程的施工方法。主要应选择在单位工程中占重要地位的分部(项)工程, 施工技术复杂或采用新技术、新工艺对工程质量起关键作用的分部(项)工程, 不熟悉的特殊结构工程或由专业施工单位施工的特殊专业工程的施工方法。而对于按照常规做法和工人熟悉的分项工程, 只要提出应注意的特殊问题, 即可不必详细拟定施工方法。

(2) 选择施工机械。选择施工方法必然涉及施工机械的选择。在选择时应注意以下几点:① 首先选择主导工程的施工机械, 如地下工程的土方机械, 主体结构工程的垂直、水平运输机械, 结构吊装工程的起重机械等。② 各种辅助机械中运输工具应与主导机械的生产能力协调配套, 以充分发挥主导机械效率。如土方工程在采用汽车运土时, 汽车的载重量应为挖土机斗容量的整数倍, 汽车的数量应保证挖土机连续工作。③ 在同一工地上, 应力求施工机械的种类和型号尽可能少一些, 以利于机械管理; 尽量使机械少而配件多, 一机多能, 提高机械使用率。④ 机械选择应考虑充分发挥施工单位现有机械的能力, 当本单位的机械能力不能满足工程需要时, 则应购置或租赁所需新型机械或多用机械。

(3) 进行技术经济评价。对施工方案进行技术经济评价是选择最优施工方案的重要途径。评价施工方案优劣的指标有: 施工持续时间(工期)、劳动消耗量、成本、投资额等。

3. 施工准备工作计划

单位工程施工准备工作主要包括以下几方面的内容:

(1) 建立工程管理组织;

(2) 编制施工进度、质量、成本控制实施细则;

(3) 做好工程技术交底工作;

(4) 建立工作队组, 并做好劳动力培训工作;

(5) 施工物资准备;

(6) 施工现场准备。

4. 施工质量计划

施工质量计划编制依据和步骤如表 2-15 所示。

施工质量计划编制依据和步骤　　　　　　　　　　　　　　　　　表 2-15

项目	具 体 内 容
编制依据	(1) 工程承包合同对工程造价、工期和质量的有关规定; (2) 施工图纸和有关设计文件; (3) 设计概算和施工图预算文件; (4) 国家现行施工验收规范和有关规定; (5) 劳动力素质、材料和施工机械质量以及现场施工作业环境状况

项目	具 体 内 容
编制步骤	（1）明确施工质量要求和特点； （2）施工质量控制目标及其分解； （3）确定施工质量控制点； （4）制定施工质量控制实施细则； （5）建立工程施工质量体系

5. 施工成本计划

施工成本计划的类型及编制步骤如表 2-16 所示。

施工成本计划类型和编制步骤 表 2-16

项目	内 容	项目	内 容
类型	（1）施工预算成本； （2）施工计划成本； （3）施工实际成本	编制步骤	（1）收集和审查有关编制依据； （2）做好工程施工成本预测； （3）编制单项工程施工成本计划； （4）制定施工成本控制实施细则

6. 施工进度计划

单位工程施工进度计划是在既定施工方案的基础上，根据规定工期和各种资源供应条件，按照施工过程的合理施工顺序及组织施工的原则，用横道图或网络图，对单位工程从开始施工到工程竣工的全部施工过程在时间上和空间上的合理安排，见表 2-17。

施工进度计划编制依据和步骤 表 2-17

项目	具 体 内 容
编制依据	（1）经过审批的建筑总平面图、地形图、单位工程施工图、工艺设计图、设备基础图、采用的标准图集以及技术资料； （2）施工组织总设计对本单位工程的有关规定； （3）施工工期要求及开竣工日期； （4）施工条件：劳动力、材料、构件及机械的供应条件，分包单位的情况等； （5）主要分部分项工程的施工方案； （6）劳动定额及机械台班定额； （7）其他有关要求和资料
编制步骤	（1）划分施工过程及流水施工段； （2）计算工程量； （3）确定劳动量和机械台班量及各分项工程持续时间； （4）编制施工进度计划的初步方案； （5）施工进度计划的检查与调整

7. 施工资源计划

施工资源计划主要包括以下内容：

（1）劳动力需求量计划；

（2）主要材料需要量计划（包括建筑材料及绿化材料等）；

（3）预制构件需求量计划；

（4）施工机具设备需要量计划。

8. 施工安全计划

施工安全计划的编制可依照以下步骤进行：

（1）工程概况；

（2）确定安全控制程序；

（3）确定安全控制目标；

（4）确定安全组织机构；

（5）确保安全资源配置及安全技术措施；

（6）落实安全检查评价和奖励。

9. 施工平面图

施工平面图设计依据、内容如表2-18所示。

施工平面图设计依据、内容　　　　　　　　　　　　　　表2-18

项目	内容
设计依据	（1）建设区域平面图或施工组织总平面布置图； （2）工程施工设计平面图； （3）施工方案、施工进度计划和各种资源需要量计划； （4）施工组织总设计
设计内容	（1）建筑总平面上已建和拟建的地上和地下的一切房屋、构筑物及其他设施的位置和尺寸； （2）移动式起重机开行路线及垂直运输设施的位置； （3）各种材料、半成品、构件以及工业设备等的仓库和堆场； （4）为施工服务的一切临时设施的布置； （5）测量放线标桩、地形等高线、土方取弃场地及安全设施

10. 主要经济技术指标

单位工程施工组织设计评价指标包括：施工工期、施工成本、施工质量、施工安全和效率以及其他技术经济指标。

2.2.4　景观工程施工组织设计实例

2.2.4.1　编制依据

（1）《××园林景观工程招标文件》及图样；

（2）国家有关标准规范；

（3）现场调查资料；

（4）工程现场水文地质自然条件，本公司近年来同类工程施工经验等。

2.2.4.2　施工准备计划

1. 工程概况

（1）工程简介：××园林景观工程是河道工程之一，也是市重点工程，全长约5km。

（2）工程特点：

1）该绿化场地由于长期无人管理，杂草较多；

2）该园林景观工程地处河岸边，外侧为城市道路，车流与人流都大，所以安全隐患较大，需特别注意安全施工、文明施工。

（3）施工总体部署：

1）为了便于就近进行施工管理工作，项目部施工队统一在现场就近租房作为办公室，搭设民工棚、设料场和机械停放场地等；

2）施工顺序原则上先土建后种植，但因工期较紧，将合理地组织各种工序的交叉施工，以确保按期完工。

（4）计划开、竣工日期及工期根据××公司的能力，为了尽早改善城市形象，安排其有效工期为 58 日历日。

2. 项目管理机构设置

本工程将新组建一项目经理部，其下设材料设备、质量安全、技术、施工、财务预算、宣传保卫等管理部门，如图 2-5 所示。

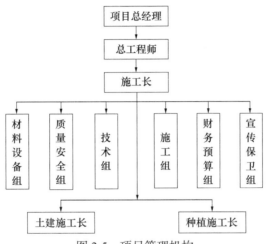

图 2-5　项目管理机构

3. 材料采购计划

植物材料在进行预算报价前已作了充分的市场调查，工程涉及的所有材料均已与苗圃和供货商达成初步意向，一旦接到标书马上订货。其他由甲方指定的建筑材料也已从过去的合作伙伴中得到落实。

4. 人员、物资、机械设备进场计划

人员、物资的进场及大型机械设备的运输、安装。根据工程进度计划安排和业主、监理工程师的要求，所有人员、物资及机械设备均分期分批进入现场，并依实际需要随时加以调整。

首批设备即 2 台 PC200 型挖掘机、2 台装载机、4 辆 4.5t 自卸车、1 辆 QY20A 型吊车，在接到标书后 10 天时间内全部到场。

5. 技术准备

（1）在工程开工前，会同监理对业主及设计单位提供的平面坐标及高程控制点、网进行闭合复测。

（2）施工放线前组织技术人员对图样的数据进行验算，发现不吻合时，报请监理工程师及设计人作处理。

（3）工程开工前，在总工程师的带领下集中有关技术人员仔细审阅图样，将不清或不明的问题汇总并通知业主及设计人员及时解决。

6. 施工临时设施及四通一平

（1）施工用水、用电均在甲方指定地点就近驳接。

（2）场地平整。

（3）施工临设布置。施工临设布置在 K3+900 处北侧空地上，也可视施工方便与否，利用拆迁范围内的临时建筑。由于工作面较长，可在该标段两头及需要处设置值班室，做好安全、保卫及防火工作。

（4）施工协助配合工作。加强与业主及各相关单位的联系，为工程的顺利进行提供有利的条件，特别做好同当地相关单位的协作配合工作，确保施工顺利进行。

（5）施工测量。测量控制网的布设，根据甲方所提供的测量控制点及有关规范要求进行布设，以测量控制网作为该工程的平面、高程控制和施工测量放样的首级控制及依据。

2.2.4.3　施工方案、主要工程的施工方法

1. 场地平整

（1）施工准备工作：

1）根据 ×× 指挥部《×× 园林景观工程招标文件》及施工图样，及时组织有关技术人员进行图样会审以熟悉工程特点及技术要求；

2）对照图样勘察现场，了解工程范围内的现状和分布，做好现场记录和标识；

3）参照有关施工技术规程及施工现场总体布置平面图，依照文明施工、注重环保等要求，合理布置临时设施及安排好施工人员；

4）及时组织项目部人员进场，参与甲方和有关部门组织的技术交底，进行实地放线，做好施工前准备工作；

5）主动与同步施工的其他施工单位联系，协调施工。

（2）定点放线。采用方格网法，依据施工图找出参照点，按比例将施工图上网格在现场用灰线撒出，以确定图样在现场的平面位置。

2. 种植工程

（1）定点放线。现场测出苗木栽植位置和株行距。由于树木栽植方式各不相同，定点放线的方法也有很多种，项目部依照栽植方式按以下几种方式进行：

1）自然式配置乔、灌木放线；

2）整形式（行列式）放线。对于成片整齐式种植或行道树的放线方法，可用仪器和皮尺定点放线。定点的方法是先将绿地的边界、园路广场和小建筑物的平面位置作为依据，量出每株树木的位置，钉上木桩，写明树种名称。一般行道树的定点是以路牙或道路的中心为依据，也可用皮尺、测绳等，按设计要求的株距，每隔 10 株钉一木桩作为定位和栽植的依据。定点时如遇电杆、管道、变压器等障碍物要躲开；

3）等距弧线的放线。若树木栽植为一弧线或者街道曲线转弯处的行道树，放线时可从弧的开始到末尾以路牙或中心线为准，每隔一定的距离分别划出与路牙垂直的直线。在此直线上，按设计要求的树与道牙的距离定点，把这些点连接起来就成为近似道路弧度的弧线，在此线上再按株距要求定出点来。

（2）苗木准备。苗木的选择，除了根据设计提出的规格和树形的要求外，还要注意选择长势旺盛、无病虫害、无机械损伤、树形端正、根须发达的苗木；而且应该是在育苗期内经过翻栽，根系集中在树苑的苗木。起苗时间和栽植时间要紧密配合，做到随起随栽。起苗时，常绿苗要带有完整的土球，土球散落的苗木成活率会降低。土球的大小一般可按树木胸径的 10 倍左右确定。对于特别难成活的树种要考虑加大土球。土球高度一般可比宽度减少5～10cm。为了减少树苗水分蒸腾，提高移栽成活率，起苗后，装车前应进行粗略修剪。

（3）挖种植穴。种植穴按施工规范挖好后更换新土。检测土壤肥力，种植土太瘠薄，则

在穴底垫一层基肥。基肥应选择经过充分腐熟的有机肥，如堆肥、厩肥等。基肥上当铺一层壤土，厚度不小于5cm。

（4）定植：

1）定植前的修剪。在定植前，苗木必须经过修剪，其主要目的是减少水分的散发，保证树势平衡、树木成活。修剪时，修剪量依不同的树种要求而有所不同，修剪时剪口平而光滑，并涂抹防腐剂以防止水分过分蒸发、干旱、冻伤及病虫危害；

2）定植方法。苗木修剪后即可定植，定植的位置要符合设计要求；

3）定植后的养护管理。栽植较大的乔木时，在定植后应支撑，以防浇水后大风吹倒苗木。树木定植后24小时内必须浇上第一遍水，水要浇透，使泥土充分吸收水分，根系与土紧密结合，以利根系发育。

（5）树木、花卉的养护管理：

1）灌溉。栽植后为了保持苗木地上、地下部分水分平衡，促发新根，保证成活，必须经常灌溉。在5～6月气温升高、天气干旱时，还需向树冠和树干喷水保湿，此项工作在清晨或傍晚时进行。

2）排水。土壤出现积水时，如不及时排出，对植株生长会严重影响。排水方法：一是利用自然坡度排水，如修剪和铺装草坪时，即铺设好0.1%～0.3%的坡度；另一种是设置排水沟，将其作为工程设计的一项内容。可设计明沟，即在地表挖明沟；或设暗沟，即在地下埋设管道。无论明沟、暗沟，均要安排好排水出处。南方地区大树种植时，土球下方加透水碎石垫层并预埋排水透气管，方便雨季有积水时抽排。

3）施肥。氮肥和含氮为主的肥料应在苗木春季发叶、发梢、扩大冠幅之际大量施入。花芽分化时期应施以磷为主的肥料，促进花芽分化，为开花打下基础。为了防止植株徒长，能安全越冬，秋季应使植株能按时结束生长，所以要加施磷肥、钾肥，停止使用氮肥。基肥一般在栽植前施入土壤中或施入栽植穴中，且应是腐熟好的，切记用生粪。此外，还可在早春土壤解冻时和深秋土壤结冻前给大树施农家肥。

4）中耕除草。中耕深度依栽植植物及树龄而定，浅根性的中耕深度宜浅，深根性的宜深，一般为5cm以上。中耕宜在晴天，或雨后2～3天进行。土壤含水量50%～60%时最好。中耕次数：花灌木一年内至少1～2次，小乔木一年至少1次，大乔木至少隔年1次。夏季中耕同时结合除草一举两得，宜浅些；秋后中耕宜深些，且可结合施肥进行。

5）整形与修剪。园林树木的整形修剪常年可进行，如结合抹芽、摘心、除蘖、剪枝等，但大规模整形修剪在休眠期进行为好，以免伤流过多，影响树势。

6）防寒。某些园林植物，尤其是南种北移的树种，难以适应北方的严寒冬季，或早春树木萌发后，遭受晚霜之害，而使植株枯萎。为防止上述冻害发生，常采取以下措施：① 加强栽培管理，增强树木抗旱能力。在生长期适时适量施肥、灌水，促进树木健壮生长，使树体内积累较多的营养物质与糖分，可以增强树体的抗寒能力。但秋季必须尽早停止施肥，以免徒长，枝梢来不及木质化，反受冻害。② 灌冬水与春灌。北方地区冬季寒冷，土壤冻层较深，根系有受冻的危险。可在土壤封冻前灌一次透水，这样可使土壤中有较多水分，土温波动较小，冬季土温不致下降过低，早春不致升高过快。早春土壤解冻及时灌水（灌春水），能降低土温，推迟根系的活动期，延迟花芽萌动和开花，免受冻害。③ 保护根茎和根系。在严寒的北方，灌冬水之后在根茎处堆土防寒很有效果，一般堆土40～50cm高，堆实。④ 保护树干。包裹：入冬前用稻草或草绳将不耐寒树木的主干包起来，包裹高度1.5m或包至分枝处。涂白：用石灰水加盐或石硫合剂对主干涂白，可反射阳光，减少树干对太阳辐射热的吸收，降低树体昼夜温差，避免树干冻裂。还可杀死在树皮内越冬的害虫。涂白要均匀，不可涂漏，一条干道上的树木或成群成片树木，涂白高度要一致。⑤ 搭风障。对新引进树种或矮小的花灌木，在主风侧可搭塑料防寒棚，或用秸秆设防风障防寒。⑥ 打雪与堆雪。北方冬季多雪，降雪之后，应及时组织人力打落树冠上的积雪，特别是冠大枝密的常绿树和针叶树，要防止发生雪压、雪折、雪倒。将雪堆在树根周围，可防冻害，也可补充水分，降低土温，推迟根系活动与萌芽的时间，避免遭受春寒或者晚霜的危害。

3. 道路工程

（1）施工顺序：测量放线→除旧侧石、人行道板→路槽开挖→路槽整修→压路机碾轧路槽→灰土垫层→水泥稳定碎石→粗粒式沥青混凝土→中粒式沥青混凝土→人行道板。

（2）水泥灰土基础：

1）材料。石灰：宜用 1～3 级的新石灰，其活性氧化物含量不得低于 60%，对储存较久的粉灰头应先经过试验，根据活性氧化物含量再决定是否使用，划出方格网，人工按每袋一个方格网卸白灰，用刮板将每袋石灰均匀摊开，并测量石灰的松铺厚度以保证石灰含量。灰土拌合机拌合灰土 2～3 遍，并设专人跟随拌合机，随时检查拌合深度并配合拌合机操作员调整拌合深度。

2）摊铺水泥。灰土拌合好后检查其含水量，含水量宜略大于最佳值（一般为超出 2%），如含水量小，应再洒水拌合。人工整平后，用 6～8 t 两轮压路机碾压 1～2 遍，使其表面平整，并有一定的压实度。

3）压实。摊铺好的灰土应当争取当日碾压完毕，碾压时执行"先轻后重、先两边后中间"的原则，即用平地机进行整平工作，细致检查灰土基层的平整度和高程，找补时应将表面翻松 8～10cm，然后再填补新水泥灰土，整平后用大吨位压路机压实，直到在全宽、全深范围内都均匀压实到规定的压实度以上为止。

4）养护。完工后的基础或基层一般应养护一周，也可不养护连续铺筑上一层，但不宜用强力震动压路机碾压，以免破坏下层混合料初步形成的强度。在铺筑上层水泥灰土时，必须在下层表面洒水以增强上下层间的粘结，以提高整个基层的整体性。

（3）侧、平石施工。侧、平石应在水泥碎石稳定层铺完后进行。按标准的路边每 10m 打一边线桩，标上侧石顶高程和边线，并按高程和边线人工起槽，清理浮土，检查侧石底高程。在起好的槽面上铺砂浆，按边线位置和高程安砌侧石，并用橡皮锤敲打牢固平稳，使线型直顺，弯度圆润，顶面平顺并符合设计高程，缝宽（0.8cm）均匀。每 100m 检查侧、平石的位置和侧石顶高程、直顺度，合格后进行勾缝。勾缝隙要将砂浆填实缝隙后勾抹平整，并将缝边毛刺清扫干净。侧石安装后，对侧石后的肥槽用灰土填埋并夯打密实。用水泥砂浆或混凝土填充侧石正面沟槽，同时铺筑水泥砂浆挂线铺设平石。及时清理侧石上的水泥砂浆等杂物。

（4）水泥稳定碎石基础。在完成水泥灰土基础后，即进行水泥稳定碎石基层的施工。

（5）人行道板施工：

1）人行道板铺砌前应放出中线或边线，或以路侧石为边线，并隔 5m 测放一水平控制桩以控制方向及高程。

2）测量放线以后，可按水平桩及中线（或边线）纵横挂线，然后每隔 5m 先铺一块作控制点，以后挂线在小间铺砌。铺砌时应轻轻平放，用木槌或橡皮槌轻敲压平。

3）铺后若发现方砖松动或高低不平时，严禁向方砖底下塞垫碎砖石。应起出人行道板，将垫层砂或砂浆重新夯实整平，然后再铺回人行道板。

4）人行道板砌好后，应依据设计要求分多次扫缝。

4. 雨、污水工程（略）

5. 喷灌工程

（1）校桩放线。根据设计图样对桩位进行复核，并按要求的作业带宽进行放线。作业带边线用白灰放出，对于已知的地下障碍物位置要设置标牌，边坡点、转角点、特殊点设置标牌表示。对于特殊点放线时要注意建立点标记。

（2）平整施工现场。在机械设备和材料进场之前，首先对施工现场进行整理，清理地上障碍物如石块、垃圾等杂物。

（3）沟槽开挖。沟槽开挖采取人工开挖、抄平。在开挖进行中，一定要按中线位置和规定的标高进行，开挖的沟槽断面应符合设计要求。

（4）管道安装。管道安装前应先清除管道内的杂物、土块，保持管道内清洁。管道承口部位应置于接口工作坑内。管道安装时，应由专人检查接口处的连接情况。过路管道安装时，应遵循先地下、后地上的原则，做好协调工作。

（5）土方回填。土方回填应分层回填，每层虚铺厚度为20~30cm。管道胸腔部位不允许使用淤泥、石块、砖、冻土等材料回填。土方回填应逐层夯实，胸腔部位应用专用手夯夯实。

（6）管道试压。管道试压主要检查管道连接部位的密封性能是否良好，管道试验压力标准应符合设计要求。管道试压用水源可用市政自来水水源或小区井水水源。

（7）阀门安装。阀门安装与主体管道安装同步进行以充分利用主体施工的间歇时间，因此，管道附属设备在开工短期内到位，以满足同步施工的需要。阀门安装时一定要注意质量检验。

（8）井石砌筑。根据已安装的阀门位置及管道，确定线的位置。根据线的位置确定阀门井的位置。

（9）交付验收。管道试压完成后应及时平整施工场地，准备交付验收。应做到场清、料清、地平。

2.2.4.4 施工进度表

施工进度计划表及各项指标如表2-19所示。

施工进度计划表及各项指标 表2-19

分项工程	施工进度	技术指标	2019年7月11日~8月30日								
			7.11	7.17	7.23	7.29	8.4	8.10	8.16	8.22	8.30
土方平衡工程	100%	合格									
雨污水工程	100%	优良									
绿化喷灌工程	100%	优良									
道路工程	100%	优良									
电气工程	100%	优良									
绿化种植	100%	优良									
验收准备											

2.2.4.5 施工资源供应计划

1. 劳动力投入计划

根据本工程特点，充分发挥机械化施工能力强大的优势，本工程拟投入劳动力100人，高峰期达160人。劳动力配备计划表如表2-20所示。

劳动力配备计划表   表 2-20

序号	工种名称	数量	使 用 阶 段
1	自卸车司机	4	场地整理
2	挖掘机司机	2	地下、道路、给水排水、土方开挖
3	推土机司机	1	地下、道路、给水排水、土方开挖
4	装载机司机	1	地下、道路、给水排水、土方开挖
5	测量工	3	管线定位、工程放线
6	水工	1	整个工程
7	电工	1	整个工程
8	管道工	15	地下、地上、给水、污水、雨水电缆铺设
9	混凝土工	15	地上、排水基础、地上部分硬化
10	瓦工	10	排水、雨污水检查井、收水井砌筑整个工作
11	花工	4	道路、喷灌、绿化
12	吊车司机	1	绿化
13	机修工	1	整个施工过程
14	力工	80	整个施工过程
15	压路机司机	1	道路
16	灰土拌和机司机	2	道路
17	试验工	2	整个工程取样试验

2. 主要施工机械供应计划

拟投入本工程主要施工机械供应计划如表2-21所示。

拟投入本工程主要施工机械设备情况   表 2-21

设备名称	型号规格	数量（台）	制作国或产地	额定功率	生产能力
播种机	45-01871	4	美国		容量 79.4kg
旋耕耙	1G90	3	中国江西	125kW	生产率 23 亩 /h
机动打药机	45-0293	4	美国	6 匹	输出量 1.4gal/min
割草机	439D	4	美国	6.5ps	3～9cm 修剪高度
打坑机	D250	4	中国	6.5 匹	
抽水机	ZCQ-65-50-160	4	中国上海	7.5kW	流量 450L/min
绿篱机	AH230	3	中国	1.1 匹	
洒水车	EQ1032T14D2	1	中国		容积 3.5m³

续表

设备名称	型号规格	数量（台）	制作国或产地	额定功率	生产能力
光轮压路机	18X21Y	2	中国		
……	……	……			
反铲挖掘机	0.5m³	1	中国		
吊车	QY20A	1	中国		

注：1 匹＝0.74kW，1ps＝0.7kW，1 亩＝667m²，1gal＝3.78L。

3. 主要材料供应计划

主要材料供应计划表如表 2-22 所示。

主要材料供应计划表 表 2-22

序号	树种名称	单位	数量	树径（cm）	树高	冠径（cm）	土球尺寸（cm）
1	悬铃木	株	109	8～10			
2	楸树	株	13	8～10			80
3	乌桕	株	12	7～8			
4	黄山栾	株	258	8～10			
5	大叶女贞	株	73	7～8			70
……	……	……	……				
37	红花草	m²	20000				
38	白三叶	m²	15000				
39	二月兰	m²	12000				
40	淡竹	m²	500		2.0		20
41	金叶女贞	m²	5000		0.5	25	15

2.2.4.6 质量保证措施

1. 工程质量目标

保证分项工程质量目标设计合格率为：园林景观工程 100%、道路工程 100%、雨污水管道工程 100%、喷灌工程 100%、电气工程 100%；质量保证人：×××。

保证工程完工并在保养期结束后本项目施工范围内的植物呈现很好的绿化效果。

2. 工程质量保证体系

为确保工程质量达到优良工程标准，公司从项目经理部到下面各级施工队伍均设立质检员，负责工程质量检测工作，形成完善的质量管理体系和质量管理队伍，定期进行质量管理。

培训和考核：在施工过程中各级质检员组成检查小组，随时对工程质量进行检测，务求质量达到优良标准。

（1）技术检验标准：《园林绿化工程施工及验收规范》CJJ 82—2012。

（2）检验程序：公司对本工程设三级质量检查组，在每道工序作业期间，班组质量检查组、项目质量检查组和公司质量检查组不断检查，发现问题，立即解决。向监理工程师填交质量验收通知单前，公司先行组织验收：班组自检→项目部质安部检查→公司质安科验收→监理工程师验收。

（3）质量检查、控制程序如图 2-6 所示。

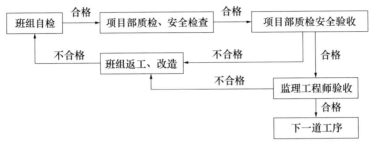

图 2-6　质量检查、控制程序

（4）向监理工程师提交检查验收一般程序如图 2-7 所示。

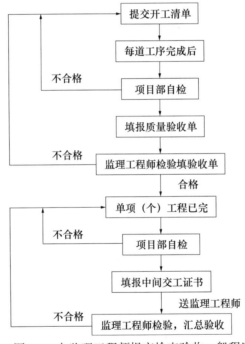

图 2-7　向监理工程师提交检查验收一般程序

为保证本工程质量达到优良标准，本项目部成立了质量保证体系，如图 2-8 所示。

3. 工程质量保证措施

（1）工程总体质量保证措施：

1）所有的施工项目均须有详尽的施工方案，施工方案须经广泛地讨论，它的确定及变更，须由公司工程部、质安部审核，总工程师室审批后方可实施。施工中，必须严格按施工方案执行，不得擅做更改，各级质安部门负责监督执行。

2）每个部位、工序施工前，均须进行详细的技术交底。

3）加强施工测量控制管理工作，对甲方或设计单位移交的基准线、点（包括坐标点、水准点）进行认真的复核。根据施工需要，合理布置现场测量控制网络，并按规范要求进行闭合测量，严格控制测量精确度。

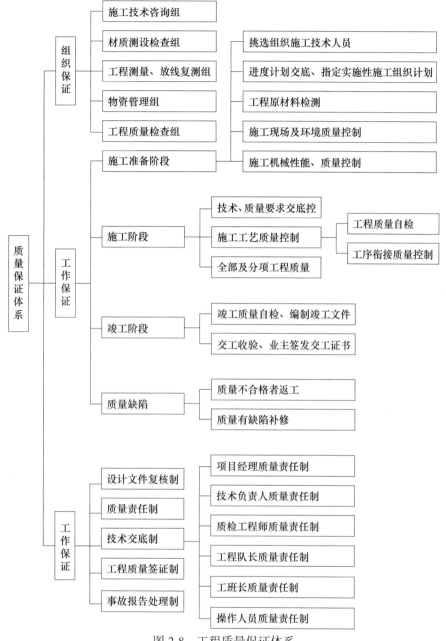

图 2-8　工程质量保证体系

　　4）严格控制原材料、半成品的质量。施工中所用的水泥、砖等具有相应的质量证明书，此外，还须按规范要求进行抽检试验。原材料、半成品的堆放应符合现场要求，分类分规格堆放，并挂上标识牌，以防误用。

　　5）加强工序质量控制。各工序施工过程中，必须严格执行《市政工程质量检验评定标准》《园林工程质量检验评定标准》，严格按设计图样进行施工。各工序在隐蔽前必须经工程监理及质监站监督人员（必要时需经设计人员）检查验收合格并签名认可后，方可进行下一工序的施工。

　　6）各工序在施工过程中，须有施工员、质安员在现场指导、监督，对施工中遇到的问题及时进行处理或纠正，保证每个工序均符合设计及规范要求。

7）及时对已完工序进行检查和验收，驻现场质检员在每道工序完成后，须进行外观检查和实测实量检查，资料收集填写检查，对达不到设计要求及验收标准的，提出纠正和预防措施，从而及时进行整改。

8）公司质安部将于每月的第一周组织对上月完成的工程项目进行验收、评定，包括外观质量评分、实测实量评分、资料检查评分等，根据检查结果，提出纠正和预防措施，从而不断改进、完善施工工艺。

9）公司质安部每季度将对不合格半成品、成品或不合格的原材料进行统计分析，对一些容易出现质量通病的工序，分析该工序所用材料、工艺、生产设备、操作规程、操作人员的技艺或其他因素，对质量的不同影响，区别对待并提出和采取预防措施。

10）及时收集和整理施工过程中形成的各类工程资料，认真填写各类资料表格。

（2）管理及其他质量保证措施：

1）采取项目法施工，充分发挥项目各级管理人员积极性。

2）由工程技术人员组织各级管理人员进行详细的技术交底，熟悉图样，系统地理解设计意图，确保设计与施工密切衔接。

3）严格按有关施工操作规范操作，同时严格按施工组织设计中方法施工。测量方法应符合相应的标准及精度，确保测量的精确性。

4）对特殊的、难度大的工序召开有关施工讨论会，从中选出最优施工方案。

5）对现场的有关技术问题，我公司工程技术人员应主动与甲方、设计人员联系，做到共同协商，集优解决。

6）对各种记录表格、报告等应建立技术档案，保证各种资料的规范和完备。

4. 工程质量奖罚措施

（1）工程按期完成，达到预期的优良质量标准，对项目部奖励工程造价的1%，项目经理奖励0.5%。

（2）达不到优良质量标准，对项目部按照工程造价的1%罚款，项目经理按照0.5%罚款。

（3）各分项工程达不到质量标准，立即返工，造成的损失由队长及责任者负责。

（4）不按期完工，按照业主的规定双倍罚项目部。

2.2.4.7 工期保证措施

1. 工期保证体系及措施

（1）充分做好开工前的准备工作：

1）进入施工现场后，做好各种管线调查复测工作，保证机械开挖不损伤其他线路，并同有关管线单位协商，合理安排，确保总工期。

2）认真仔细熟悉图样，确切了解工程的各项内容，技术质量要求。在此基础上认真做好图样会审工作，通过会审把图样中不明确部分以及错漏部分解决，以免贻误工期。

3）编制详细的施工组织设计，及时编制主要的分项施工作业计划，并向各级管理人员、班组长传达交底。

4）组织好一开始施工所需的材料，提交资料，样品报审，对特种材料、进口材料更需提前计划。

5）施工前各方面的人员要落实到位，凡被选调入项目组的管理人员、专业工长随时候命。工程一开工即进驻工程现场开展工作。

6）对准备投放到本工程的机械设备进行全面检修保养，以保证机械设备进场完好，能正常运作。

（2）加强管理、科学安排、精心施工：

1）由公司选派具备相关专业的优秀管理人员组成项目部。对工程实行有计划地组织、协调、控制、监督和指挥。同时派出技术过硬、吃苦耐劳的施工队伍，确保按标准、按进度完成本工程的施工任务。

2）施工过程中应以总工期为目标，以阶段控制为保证，运用企业内部的有利条件，动态管理，责任承包。使施工组织科学化、合理化，确保阶段计划按期或提前完成。

3）实行全面计划管理，认真编制切实可行的工程总进度计划和相应的月、周、作业计划，使施工生产上下协调、长短计划衔接，在施工中坚持月平衡、周调度，确保计划的落实。坚持制度、动态管理健全各级责任制，实行重奖、重罚制。

4）建立文明卫生管理小组，加强对食堂和住所卫生监督和管理，减少病员，确保正常的施工劳动力。

5）在农忙季节做好民工的思想工作，并给予适当补贴，让他们安心坚守岗位，保证劳工队伍的稳定。

6）搞好工程指挥和调度工作，保证施工协调一致，严格执行机械保养制度，提高机械利用率和出勤率，保证均衡生产。

7）抓好人员、设备进场，搞好前期施工准备工作。

8）施工材料按施工计划要求供应，保证施工顺利进行。

9）组织科技攻关，确保关键工序的工程进度。实行目标管理，通过分阶段目标实现，确保施工工期。

（3）减低成本措施：

工程成本有五大项组成，即人工费、材料费、机械费、其他直接费与管理费用，要想控制成本，使工程达到规定的降低率与降低额，必须加强科学管理，提高劳动生产率，具体到每一个成本项目，应有不同的措施。

2. 工期奖罚说明

（1）如工程按期完成，生产班组可获得其所承担工程造价8%的奖金，工程每提前1天完成可再获得其承担工程造价3%的奖金。奖金分配办法：班（组）长占30%，其他由班（组）长决定分配办法。

（2）工程能按期完成，该工地管理人员可得1%工程造价奖金，工程每提前一天完成再获得3%工程造价奖金。

（3）另外，工程能按期完成，项目经理追补增加一级浮动工资，工地各部门主要负责人由项目经理根据其表现提名总公司批准追补半级浮动工资，追补为工程动工月起至交工验收月为止。

（4）如工程不能按期完成，生产班组扣罚其所承担工程造价的3%。罚金分配办法：班（组）长占30%，其他由班（组）长决定分配办法。

（5）工程每延期一天完成，该工地管理人员扣罚4%工程造价奖金。

（6）工程逾期完成，项目经理扣罚担任项目期间的工资奖金及承包风险金，并下浮一级浮动工资，工地各部门主要负责人下浮半级浮动工资，下浮期间为工程动工月起至交工验收月为止。

（7）如工程不能按期完成，罚金分配办法：项目经理占 40%，其余按项目部员工职务工资比例分配其余的 60% 罚金。

（8）如工程不能按期完成，生产班组扣罚其所承担工程造价的 3%。罚金分配方法：班（组）长占 30%，其他由班（组）长决定分配办法。

（9）施工期间不更换项目经理的承诺：我们承诺施工自始至终无特殊原因，不更换项目经理。

2.2.4.8　保护环境、文明施工

1. 环境保护措施

（1）为贯彻国家有关环境保护的指示精神，施工现场经常进行环保宣传教育，不断提高职工的环保意识，做到文明施工。

（2）现场道路全部硬化处理，并派专人经常清扫，适量洒水，减少扬尘。

（3）现场内不设燃煤型大灶、锅炉、茶炉，确保全部使用清洁燃料。

（4）合理安排施工，严格控制作业时间，夜间 22 时以后不安排施工。需连续作业时，采取降噪措施，同时做好安民工作，并报环保局备案。

2. 文明施工措施

为搞好现场文明施工和管理，认真贯彻执行市政府相关管理文件，项目部须将规定内容张贴、宣传，做到人人重视，互相监督，搞好现场文明施工。

（1）围墙办公区：

1）施工现场实行封闭式施工。现场四周除留必要的人员、车辆进出口通道外，围墙封闭。围墙统一采用绿色尼龙网并用三道铁丝加固，网上粘贴与周围环境协调的图案，以及文明施工宣传标语。图案和字体要求颜色协调、整洁美观。

2）工地大门右侧的外墙上应挂设施工标牌；办公室门口设置绿化带。办公区公共清洁派专人打扫，各办公室设轮流清洁值班表，并定期检查；施工现场设立卫生医疗点，并设置一定数量的保温桶和开水供应点。

（2）材料堆放场地：

1）施工及周转材料按施工进度计划分批进场，并依据材料性能分类堆放，标识清楚。做到分规格堆放整齐、稳固，做到一头齐、一条线。

2）施工现场材料保管，依据材料的性质采取必要的防雨、防潮、防晒、防火、防爆、防损坏等措施。

3）贵重物品、易燃、易爆和有毒物品及时入库，专库专管，加设明显标志，并建立严格的领退料手续。

4）材料堆放场地设置得力的消防措施，消防设施齐全有效，所有施工人员均会正确使用消防器材。

5）施工现场临时存放的施工材料，须经有关部门批准，材料码放整齐，不得妨碍交通和影响市容。堆放散料时进行围挡，围挡高度不得低于 0.5m。

（3）厕所内墙裙铺贴高度 1.5m 的白瓷片，便槽内底部和旁侧应铺贴白瓷片，地面、蹲台采用水泥浆抹面。厕所内应当设置洗手槽、便槽自动冲洗设备、加盖化粪池。对厕所要落实专人清扫，定期喷药，保持清洁卫生，不得有异味。

（4）施工现场文明施工管理：

1）项目制订配套的文明施工管理制度和文明施工岗位责任制，制定文明施工奖罚措施，

层层签订施工管理协议书，用经济手段辅助岗位责任制的实施；工地两头设文明施工标语，设施工标牌，现场管理人员实行挂牌持证制度，佩戴统一设计制作的胸卡，坚守岗位。

2）各工长必须督促有关作业班组在施工中做到"工完、料尽、场清"。

3）现场要加强场容管理，使现场做到整齐、干净、节约、安全、施工秩序良好。

4）施工现场要做到"五有""四净三无""四清四不见""三好"及现场布置做好"四整齐"。

5）现场施工道路必须保持畅通无阻，保证物资的顺利进场。排水沟必须通畅，无积水。场地整洁，无施工垃圾。

6）要及时清运施工垃圾。由于该工程量大、周转材料多，施工垃圾也较多，必须对现场的施工垃圾及时清运。施工垃圾经清理后集中堆放，垃圾严禁向楼下抛扔。集中的垃圾应及时运走，以保持场容的整洁。

7）项目应当遵守国家有关环境保护的法律，采取有效措施控制现场的各种粉尘、废气、废水、固体废弃物以及噪声振动对环境的污染及危害。

8）对于施工所用场地及道路应定期洒水，降低灰尘对环境的污染。设置冲洗台，所有离开工地的车辆必须经冲洗台清洗干净后，方可离开。

9）除设有符合规定的装置外，不得在施工现场熔融沥青或者焚烧油毡以及其他会产生有毒、有害烟尘和恶臭气体的物质。

10）对一些产生噪声的施工机械，应采取有效措施，减少噪声。

2.2.4.9 夏季绿化施工措施

7～8月施工期间，天气炎热，绿化苗木及新建植的草坪易受高温影响，从而导致成活率下降及成本增加，并有可能影响工期。因此做好这一时期的防护工作尤为重要，具体措施如下：

（1）对于苗木可用草绳缠绕树干，个别名贵树种可搭建遮阳网，待成活后可将遮阳网拆除。

（2）定植后对常绿苗木进行深度修剪，在既不影响美观的前提下，又能够最大限度地保证成活。

（3）苗木定植后对于树冠较大的乔木要用三角桩，以免大风天气摇动树冠损伤植物根系而影响成活。

（4）难于定植且成活率较低的绿化树种，在保留较好的根系外，在起挖好的土球上涂抹用酒精溶解的生根剂。

（5）进入养护阶段后，由于温度高，植物蒸腾作用较强烈，规格较大的常绿乔木如雪松、柏树等管理困难，为防止植物水分过分蒸发，在定植好的植物上安装微喷设施，在气温较高的时候可打开微喷水源，以保持植物体内的水分，从而保证树木的成活。

2.3 园林绿化工程进度计划

2.3.1 横道图

2.3.1.1 横道图计划基本概念

横道图计划是根据工程项目的施工过程和起讫时间、工序的先后顺序、作业持续时间，结合时间坐标用一系列横道线表示各施工过程的进度。

2.3.1.2　横道图计划绘制步骤

（1）明确项目牵涉到的各项工程项目；

（2）创建横道图草图。将所有的项目按照开始时间、工期标注到横道图上；

（3）确定项目活动依赖关系及时序进度。使用草图，按照项目的类型将项目联系起来，并安排工程项目进度；

（4）计算单项工程任务的工时量；

（5）确定活动任务的执行人员及适时按需调整工时；

（6）计算整个项目时间。

2.3.1.3　横道图计划特点

横道图的优缺点见表 2-23。

横道图优缺点比较　　　　　　　　　　　　　表 2-23

优　　点	缺　　点
（1）编制计划较简单，各施工过程进度形象直观、明了； （2）结合时间坐标，各项工作的起止时间、工作进度、总工期等都能一目了然； （3）计划项目排列得整齐有序，流水情况表示清楚	（1）工序之间的逻辑关系不易表达清楚； （2）只适用于手工编制与调整计划，工作量较大； （3）没有经过严谨的进度计划时间参数计算，无法确定计划的关键工作、关键路线和时差； （4）对较大的进度计划系统难以适应

【案例 2-7】

A 园林公司中标了 C 市一项滨河重点景观工程，该工程园路采用透水混凝土材质，园路铺设的 5 个施工过程分别用：Ⅰ、Ⅱ、Ⅲ、Ⅳ、Ⅴ表示，并将Ⅰ、Ⅱ两项划分为四个施工段①、②、③、④。Ⅰ、Ⅱ两项在各施工段上持续时间如表 2-24 所示，而Ⅲ、Ⅳ、Ⅴ不分施工段连续施工，持续时间均为 1 周。项目部按各施工段持续时间连续均衡作业，不平行、搭接施工的原则安排了施工进度计划，表型如表 2-25 所示，请按背景中要求和表 2-25 中横道图所示，计算总工期并画出完整的施工进度计划表：

各施工段持续时间　　　　　　　　　　　　　表 2-24

施工过程	持续时间（周）			
	①	②	③	④
Ⅰ	4	5	3	4
Ⅱ	3	4	2	3

施工进度计划表型　　　　　　　　　　　　　表 2-25

	1	2	3	4	5	6	7	8	9	10	11	12	13	14	15	16	17	18	19	20	21	22
Ⅰ		①																				
							②															
Ⅱ								①														
Ⅲ																						
Ⅳ																						
Ⅴ																						

分析：

该项目第Ⅱ个施工过程的第①个施工段在第Ⅰ个施工过程的第②个施工段中间（第8周）开始，由此推出两个施工过程重叠施工的时间为9周，Ⅰ、Ⅱ两项施工总工期为7＋9＋3＝19周，而Ⅲ、Ⅳ、Ⅴ不分施工段连续施工，持续时间均为1周，该工程施工总周期：19＋3＝22周。

施工进度计划表如表2-26所示：

施工进度计划 表2-26

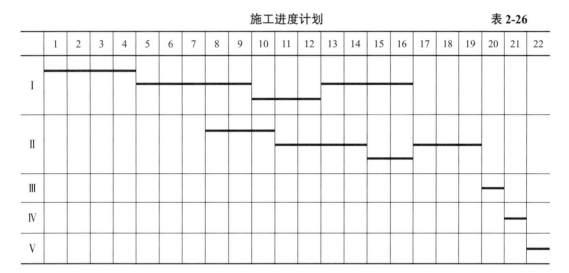

2.3.2 网络计划技术

2.3.2.1 网络计划基本概念

网络计划是以网络图的形式来表达任务构成、工作顺序并加注工作时间参数的一种进度计划。

2.3.2.2 网络计划编制步骤

（1）确定目标；

（2）分解工程项目，列出作业明细表；

（3）绘制网络图，进行结点编号（顺推法、逆推法）；

（4）计算网络时间，确定关键路线；

（5）进行网络计划方案的优化；

（6）网络计划的贯彻执行。

2.3.2.3 网络计划的分类与内容

1. 网络计划内容（表2-27）

网络计划内容 表2-27

项目	具 体 内 容
网络图	网络计划技术的图解模型，反映整个工程任务的分解和合成
时间参数	在工程实施过程中，包括人、事、物的运动状态
关键路线	通过计算网络图中的时间参数，求出工程工期并找出关键路径
网络优化	根据关键路线法，通过利用时差，不断改善网络计划的初始方案，在满足一定的约束条件下，寻求管理目标达到最优化的计划方案

2. 网络计划分类（表 2-28）

网络计划类型　　　　　　　　　　　　　　　　　　　　　　表 2-28

划分方法	内　　容
工作持续时间的特点	（1）肯定型问题的网络计划； （2）非肯定型问题的网络计划
有无时间坐标	（1）无时标网络计划； （2）有时标网络计划
网络计划的性质和作用	（1）控制性网络计划； （2）实施性网络计划
网络计划的目标	（1）单目标网络计划； （2）多目标网络计划
工作表示方法的不同	（1）双代号网络计划； （2）单代号网络计划

我国《工程网络计划技术规程》JGJ/T 121—2015 推荐的常用工程网络计划类型：

（1）双代号网络计划（图 2-9）。

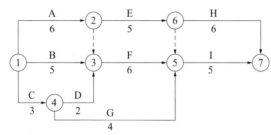

图 2-9　双代号网络图表现形式

（2）单代号网络计划（图 2-10）。

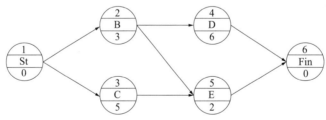

图 2-10　单代号网络图表现形式

（3）双代号时标网络计划。

（4）单代号搭接网络计划。

2.3.2.4　网络计划的特点（表 2-29）

网络计划优缺点比较　　　　　　　　　　　　　　　　　　表 2-29

优　　点	缺　　点
（1）施工过程形成一个有机整体，能全面反映出各项工作之间关系； （2）通过时间参数计算，可反映出整个工程任务的全貌； （3）预见滞后工程对后续工作及总工期的影响； （4）对计划能进行计算、调整与优化； （5）能利用电子计算机为计划应用现代化手段	（1）难以清晰地反映出流水作业的情况； （2）计算劳动力、物资需用量不如横道图方便

2.3.2.5 双代号网络计划

1. 基本概念（表 2-30）

双代号网络计划基本概念 表 2-30

概念	具体内容	
箭线（工作）	工作泛指一项需要消耗人力、物力和时间的具体活动过程。每一条箭线表示一项工作。箭线的上方标注工作名称，箭线的下方标注完成该项工作所需要的持续时间，如图 2-11 所示。 虚箭线是实际工作中不存在的一项虚设工作，通常起着工作之间的联系、区分和断路的作用，如图 2-12 所示	
节点（又称结点、事件）	节点为网络图中箭线之间的连接点	起点节点
		终点节点
		中间节点
线路	网络图中从起始节点开始，沿箭头方向顺序通过一系列箭线与节点，最后到达终点节点的通路	关键线路（总时间最长线路）
		非关键线路
逻辑关系	逻辑关系是指网络图中工作之间相互制约或相互依赖的关系	工艺关系
		组织关系

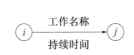

图 2-11 双代号网络计划工作的表示方法

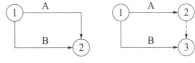

图 2-12 虚箭线的区分作用

2. 绘图原则

（1）双代号网络图必须正确表示已定的逻辑关系。

（2）双代号网络图中，不能出现循环回路。

（3）在节点之间不能出现带双向箭头和无箭头的连线。

（4）双代号网络图中，不能出现无箭头节点或无箭尾节点的箭线。

（5）当双代号网络图的某些节点有多条外向箭线或多条内向箭线时，为保证图形简洁，可使用母线法绘制，如图 2-13 所示。

（6）绘制网络图时，箭线不宜交叉。当交叉无法避免时，可用过桥法或指向法，如图 2-14 所示。

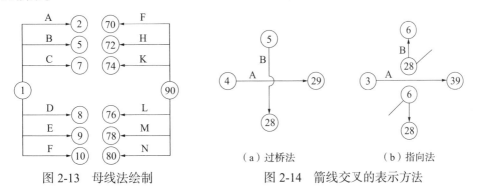

图 2-13 母线法绘制

（a）过桥法　　　（b）指向法
图 2-14 箭线交叉的表示方法

（7）双代号网络图中应仅有一个起点节点和一个终点节点（多目标网络计划除外），而其他的节点均为中间节点。

（8）双代号网络图应布局合理，条理清楚。

【案例2-8】

某园林公司中标了 A 市大型综合公园景观工程，绘制双代号网络进度图如图 2-15 所示。

问题：

（1）指出网络进度图上两处不符合逻辑的地方。

（2）指出该进度图关键线路。

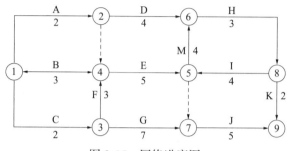

图 2-15　网络进度图

分析：

（1）该网络图①和④中间出现双向箭头连线，⑥⑤和⑧中间出现循环回路。

（2）关键线路为在各条线路中，总时间最长的线路，所以该进度图的关键线路为：

①—③—④—⑤—⑥—⑧—⑨

3. 时间参数计算

双代号网络计划时间参数计算的目的是通过计算各项工作的时间参数，确定网络计划的关键工作、关键线路并计算工期，为网络计划的优化、调整和执行提供准确的时间参数。

（1）时间参数概念及其符号（表 2-31）

双代号网络计划的时间参数　　　　　　　　　　　表 2-31

项　目		具 体 内 容
工作持续时间（D_{i-j}）		工作持续时间是一项工作从开始到完成的时间
工期（T）	计算工期	通过网络计划时间参数计算出来的工期，用 T_c 表示
	要求工期	任务委托人要求的工期，用 T_r 表示
	计划工期	按要求工期和计算工期所确定的作为实施目标的工期，用 T_p 表示

（2）网络计划中工作的 6 个时间参数（表 2-32）

双代号网络计划的时间参数与计算公式　　　　　　　表 2-32

时间参数	含　义	计 算 公 式
最早开始时间 ES_{i-j}	指在各紧前工作部分完成后，工作有可能开始的最早时刻	$ES_{i-j} = \max\{EF_{h-i}\}$ 或 $ES_{i-j} = \max\{ES_{h-i} + D_{h-i}\}$
最早完成时间 EF_{i-j}	指在各紧前工作全部完成后，工作有可能完成的最早时刻	$EF_{i-j} = ES_{i-j} + D_{i-j}$
最迟开始时间 LS_{i-j}	指在不影响整个任务按期完成的前提下，工作必须开始的最迟时刻	$LS_{i-j} = LF_{i-j} - D_{i-j}$

续表

时间参数	含　义	计　算　公　式
最迟完成时间 LF_{i-j}	指在不影响整个任务按期完成的前提下，工作必须完成的最迟时刻	$LF_{i-j} = \min\{LS_{j-k}\}$ 或 $LF_{i-j} = \min\{LF_{j-k} - D_{j-k}\}$
总时差 TF_{i-j}	指在不影响总工期的前提下，工作可以利用的动机时间	$TF_{i-j} = LS_{i-j} - ES_{i-j} = LF_{i-j} - EF_{i-j}$
自由时差 FF_{i-j}	指在不影响其紧后工作最早开始的前提下，工作可以利用的机动时间	$FF_{i-j} = ES_{j-k} - EF_{i-j}$ 或 $FF_{i-j} = ES_{j-k} - ES_{i-j} - D_{i-j}$

2.3.2.6　单代号网络计划

单代号网络计划是采用节点及其编号表示工作，采用箭线表示工作之间的逻辑关系的网络图，并在节点中加注工作代号、名称和持续时间。

1. 单代号网络计划的特点

（1）更易表达工作之间的逻辑关系，且不用虚箭线，绘图更简单。

（2）方便检查和修改。

（3）由于工作持续时间表示在节点之中，没有长度，因此不够形象直观。

（4）表示工作之间逻辑关系的箭线可能产生较多的纵横交叉现象。

2. 单代号网络计划的基本要素

单代号网络计划的基本符号含义见表 2-33。

单代号网络计划的基本符号含义　　　　　　　　　　　表 2-33

要素	具　体　内　容
节点	一个节点表示一项工作。节点宜用圆圈或矩形表示。节点内应标注工作名称、持续时间、工作代号等，如图 2-16 所示
箭线	表示紧邻工作之间的逻辑关系，既不占用时间，也不消耗资源
线路	各条线路应用该线路上的节点编号从小到大依次表述

图 2-16　单代号网络图工作的表示方法

3. 单代号网络图的绘图规则

（1）单代号网络图必须正确表示已定的逻辑关系。

（2）单代号网络图中，不能出现循环回路。

（3）单代号网络图中，不能出现双向箭头或无箭头的连线。

（4）单代号网络图中，不能出现无箭尾节点的箭线和无箭头节点的箭线。

（5）绘制网络图时，箭线不宜交叉，当交叉无法避免时，可用过桥法或指向法绘制。

（6）单代号网络图中只应有一个起点节点和一个终点节点。当网络图中有多项起点节点或多项终点节点时，应分别设置一项虚工作在网络图的两端，作为该网络图的起点节点（St）和终点节点（Fin）。

4. 时间参数计算

单代号网络计划时间参数的计算须在确定各项工作的持续时间之后进行。时间参数的计算顺序和方法与双代号网络计划时间参数的计算基本上相同，其计算步骤如表 2-34 所示。

单代号网络计划的时间参数与计算公式　　　　　　表 2-34

时间参数	计　算　公　式
计算最早开始时间 ES_j 和最早完成时间 EF_i	从网络计划的起点节点开始，顺着箭线方向依次逐项计算，$ES_{i-j} = 0$（$i = 1$） 工作最早完成时间等于最早开始时间加上持续时间：$EF_i = ES_i + D_i$ 工作最早开始时间等于该工作的各个紧前工作的最早完成时间的最大值，如工作 j 的紧前工作的代号为 i，则 $ES_j = \max\{EF_i\}$ 或 $ES_{i-j} = \max\{ES_i + D_i\}$，式中，$ES_i$ 代表工作 j 的各项紧前工作的最早开始时间
网络计划的计算工期 T_c	T_c 等于网络计划的终点节点 n 的最早完成时间 EF_n，即 $T_c = EF_n$
计算相邻两项工作之间的时间间隔 LAG_{i-j}	相邻两项工作 i 和 j 之间的时间间隔 LAG_{i-j} 等于紧后工作 j 的最早开始时间 ES_j 和本工作的最早完成时间 EF_i 之差，即：$LAG_{i-j} = ES_j - EF_i$
计算工作总时差 TF_i	网络计划终点节点的总时差为 TF_n，如计划工期等于计算工期，则 $TF_n = 0$ 其他工作 i 的总时差 TF_i 等于该工作的各个紧后工作 j 的总时差 TF_j 加该工作与其紧后工作之间的时间间隔 LAG_{i-j} 之和的最小值：$TF_i = \min\{TF_j + LAG_{i-j}\}$
计算工作自由时差 FF_n	工作 i 若无紧后工作，其自由时差 TF_j 等于计划工期 T_p 减该工作的最早完成时间 EF_n，即 $TF_n = T_p - EF_n$ 当工作 i 有紧后工作 j 时，其自由时差等于该工作与其紧后工作之间时间间隔 LAG_{i-j} 的最小值，即 $FF_n = \min\{LAG_{i-j}\}$
计算工作的最迟开始时间 LS_i 和最迟完成时间 LF_i	工作 i 的最迟开始时间 LS_i 等于该工作的最早开始时间 ES_i 与其总时差 TF_i 之和，即 $LS_i = ES_i + TF_i$ 工作 i 的最迟完成时间 LF_i 等于该工作的最迟完成时间 EF_i 与其总时差 TF_i 之和，即 $LF_i = EF_i + TF_i$
关键工作和关键线路的确定	（1）关键工作是在单代号网络计划中，总时差最小的工作； （2）关键线路为从起点节点到终点节点，且所有工作的时间间隔为零的线路

2.3.3　流水施工原理

2.3.3.1　施工组织方式及特点

根据园林工程项目的施工特点、工艺流程、资源利用等要求，其施工可以采用顺序、平行、流水三种组织方式。如表 2-35 所示。

施工组织方式及特点　　　　　　表 2-35

组织方式	含　义	特　点
顺序施工	按照施工过程中各分部（分项）工程的先后顺序施工，即前一个施工过程（或工序）完工后才开始下一个施工过程的组织生产方式	（1）未充分利用工作面进行施工，工期长； （2）若按专业成立工作队，则各专业队不能连续作业，劳动力等资源无法均衡使用； （3）如果由一个工作队完成施工任务，则不能实现专业化施工； （4）单位时间内投入的劳动力、材料等资源量较少，利于资源供应的组织； （5）施工现场的组织、管理比较简单

组织方式	含　义	特　点
平行施工	将一个工作范围内的相同施工过程同时组织施工，完成以后再同时进行下一个施工过程的施工方式	（1）充分地利用工作面进行施工，工期短； （2）如果按专业成立工作队，则专业队不能连续作业，劳动力等资源无法均衡使用； （3）如果由一个工作队完成施工任务，则不能实现专业化施工； （4）单位时间内投入的劳动力、施工机具、材料等资源量成倍地增加； （5）施工现场的组织、管理比较复杂
流水施工	流水施工方式将若干个同类型的施工对象划分成多个施工段，组织若干个在施工工艺上有密切联系的专业班组相继进行施工，依次在各施工段上重复完成相同的施工内容	（1）尽可能地利用工作面进行施工，工期短； （2）各工作队实现了专业化施工，有利于提高技术水平和劳动生产率； （3）单位时间内投入的劳动力、材料等资源量较为均衡，有利于资源供应的组织； （4）为施工现场的文明施工和科学管理创造了有利条件

2.3.3.2　流水施工的基本要求和条件

1. 流水施工的基本要求

（1）将施工对象划分成若干个施工过程。

（2）对施工过程进行合理的组织，使每个施工过程分别由固定的专业队（组）负责施工。

（3）将施工对象按分部工程或平面、空间划分成大致相等的若干施工段或施工层。

（4）各专业队（组）按工艺顺序要求，配备必需的劳动力、施工机具，依次连续由一个施工段（施工层）转移到另一个施工段（施工层），反复进行相同的施工操作，即完成同类的施工任务。

（5）不同的专业队（组）除必要的技术和组织间歇外，应尽量在同一时间、不同空间内组织平行搭接施工。

2. 流水施工的基本条件

（1）划分施工段是组织流水施工的基本条件。但是不可能每个工程都有这个条件，如工程规模小、工程内容复杂的项目，无法划分几个施工段，这时就无法组织流水施工。

（2）各施工过程要有独立的专业队（组），而且各专业队（组）均能实施连续、均衡、有节奏的施工。

（3）每个施工过程要有充分利用的工作面，具有组织平行搭接的施工条件。

2.3.3.3　流水施工的分级

流水施工的分级具体内容见表2-36。

流水施工分级　　　　　　　　　　　表2-36

分级	具体内容
分项工程流水施工	在一个专业工种内部组织起来的流水施工。分项工程是工程质量形成的直接过程
分部工程流水施工	分部工程流水施工也称为专业流水施工，它是在一个分部工程内部、各分项工程之间组织起来的流水施工
单位工程流水施工	在一个单位工程内部、各分部工程之间组织起来的流水施工
群体工程流水施工	群体工程流水施工也称为大流水施工。它是在一个个单位工程之间组织起来的流水施工，反映在项目施工进度计划上，是项目施工总进度计划

2.3.3.4　流水施工的表达方式

流水施工的表达方式主要有横道图和网络图两种，其中横道图有水平指示图表和垂直指示图表等方式，网络图有横道式流水网络图、流水步距式流水网络图、搭接式流水网络图和三维流水网络图等形式，具体见表 2-37。

流水施工的表达方式　　　　　　　　表 2-37

类别	表达方式	图　示	说　明
横道图	水平指示图表		横坐标表示流水施工的持续时间，纵坐标表示施工过程的名称或编号；n 条带有编号的水平线段表示 n 个施工过程或专业工作队的施工进度安排，其编号①、②、③、④表示不同的施工段。 图中各符号含义如下： T—流水施工的计算总工期； m—施工段的数目； n—施工过程或专业工作队的数目； t—流水节拍； K—流水步距，此图 $K=t$。 优点：绘图简单，施工过程及其先后顺序表达清楚，时间和空间状况形象直观，使用方便，因而被广泛用来表达施工进度计划
	垂直指示图表		横坐标表示流水施工的持续时间，纵坐标表示流水施工所处的空间位置，即施工段的编号，n 条斜向线段表示 n 个施工过程或专业工作队的施工进度。 图中符号意义同上。 优点：施工过程及其先后顺序表达清楚，时间和空间状况形象直观。斜向进度线的斜率可以直观地表示出各施工过程的进展速度。但编制实际工程进度计划不如水平指示图表方便
网络图	横道式流水网络图		错阶箭线表示施工过程进展状态，在箭线上面标有该过程编号和施工段编号，在箭线下面标有流水节拍；细黑箭线分别表示开始步距（K_j, $j+1$）和结束步距（J_j, $j+1$）；带编号的圆圈表示事件或结点
	流水步距式流水网络图		实箭线表示实工作，其上标有施工过程和施工段编号，其下标有流水节拍；虚箭线表示虚工作，即工作之间的制约关系，其持续时间为零，流水步距也由实箭线表示，并在其下面标出流水步距编号和数值

类别	表达方式	图 示	说 明
网络图	搭接式流水网络图	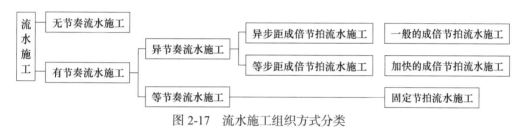	大方框表示施工过程，其内标有施工过程编号、流水节拍、施工段数目、过程开始和结束时间；方框上面的实箭线表示相邻两个施工过程结束到结束的搭接时距，即结束步距；方框下面的实箭线表示相邻两个施工过程开始到开始的搭接时距，即流水步距

2.3.3.5　流水施工的组织方式

在流水施工中，由于流水节拍的规律不同，决定了流水步距、流水施工工期的计算方法等也不同，甚至影响到各个施工过程的专业工作队数目。按照流水节拍的特征将流水施工进行分类，其分类情况如图 2-17 所示。

图 2-17　流水施工组织方式分类

【案例 2-9】

某园林工程有四个施工过程 A、B、C、D，划分四个施工段，各施工过程在各施工段上的流水节拍见表 2-38。试问该工程属于流水施工的哪种组织方式，该组织方式的特点是什么？

各施工段流水节拍

表 2-38

施工过程＼施工段	①	②	③	④
A	3	5	7	9
B	2	4	5	3
C	4	3	3	4
D	4	2	3	4

分析：

根据表格分析程施工过程中流水节拍随施工段的不同而不同，且不同施工过程之间的流水节拍又有差异，该工程属于无节奏流水施工。

无节奏流水施工的特点如下：

（1）各个施工过程在各个施工段上的流水节拍通常不相等。

（2）流水步距与流水节拍之间存在着某种函数关系，流水步距也多数不相等。

（3）每个专业工作队都能够连续作业，施工段可能有间歇时间。

（4）专业工作队数目等于施工过程数目。

2.3.3.6　流水施工的主要参数

流水施工是不同专业队（组），在有效空间、时间内展开工序间搭接、平行流水作业，以取得较好的技术经济效果为目的。它主要包括工艺参数、空间参数和时间参数三大类参数，如表 2-39 所示。

流水施工的主要参数　　　　　　　　　　　　　　　　　　　表 2-39

组织方式	含　义	影响参数
工艺参数	在组织流水施工时，用以表达流水施工在施工工艺方面进展状态的参数	（1）施工过程数； （2）流水强度
空间参数	在组织流水施工时，用以表达流水施工在空间布置上开展状态的参数	（1）工作面； （2）施工段； （3）施工层
时间参数	在组织流水施工时用以表达流水施工在时间排列上所处状态的参数	（1）流水节拍； （2）流水步距； （3）流水施工工期

第3章 园林绿化工程技艺应用

所谓园林，是指要满足人类对自然环境在物质和精神方面的综合要求，将生态、景观、休闲游览和文化内涵融为一体，为人类长远、根本的利益服务。所谓工程，人们习惯将"执技艺已成器物"的行业称之为"工"，把"造物以准"的过程称之为"程"，还包括期限过程的意思。所以"工程"可理解为工艺过程。在此基础上，园林工程可以理解为，是在一定的地域运用工程技术和艺术手段，通过局部改造地形（或进一步筑山、叠石、理水）、种植树木花草、营造建筑和布置园路等途径创作而成的美的自然环境和游憩境域，是研究园林造景技艺及工程施工的学科。技术性、艺术性，是园林工程技术核心理念，也是园林施工企业的核心竞争力。

从园林工程在现代园林建设工程中分类来看，园林建设工程可以分为园林工程、园林工程配套工程以及园林建筑工程，如表3-1所示。园林工程及配套工程按照子项目建设程序包括土方工程（地形塑造）、园林道路、园林绿地管线布置、园林水景、假山工程、园林种植工程、园林照明与亮化工程、园林小品等。园林建筑工程包括地基与基础工程、墙柱工程、地面与楼面工程、屋顶工程、装饰工程等。

园林建设工程分类 表 3-1

单位工程	单项工程	分项主要内容
园林工程	地形塑造工程	地形塑造、土方平衡
	园路工程（含铺装）	各类园林地面的做法
	园林水景	驳岸、自然式护坡、水池、人工喷泉
	假山工程	各类置石、各类假山做法
	种植工程	种植设计、各类植物的种植
	景观小品	花架、园桥、汀步、景墙、花池（坛）、景观坐凳、电话亭等
园林工程配套工程	园林绿地管线布置	给水、排水等
	园林照明与亮化工程	供电系统、照明安装、防雷及接地
	道路工程	景区的主要干道
	灌溉系统	各类喷灌等
	人性化设施系统	无障碍系统、防灾减灾设施
园林建筑工程（一般规定小于300m² 的景观建筑）、园林古建	地基与基础工程	基础、支护、地基处理、桩基、各类基础
	墙柱工程	各类结构（木、混凝土、砌体、钢、网架）
	地面与楼面工程、屋顶工程	各类屋面的做法、楼地面的做法
	建筑给水、排水等安装工程	室内给水、排水及其他设备、管线的安装
	装饰工程	门窗、吊顶、隔墙等细部

园林绿化工程施工管理与施工技术是工程建设计划、设计得以实施的根本保障，是工程

施工建设水平得以不断提高的实践基础，是提高景观艺术水平和创造景观艺术精品的主要途径，是锻炼、培养现代工程建设施工队伍的基础。园林绿化施工技艺以风景园林工程施工技术为核心与特色。

从园林施工技术涉及的工程类别上分类，可分为：园林工程、（园林）建筑工程以及相关的配套工程。从施工专业类别、工种类别上分类可分为：放线定位技术、土方挖填技术、地形塑造技术、管线安装技术、道路施工技术、喷泉施工安装技术、水体（系）营造技术、假山（塑石）营造技术、砌体工程技术（挡土墙、驳岸、景墙、台阶等）、照明亮化安装技术、土木结构工程技术、绿化种植技术与养护技术、建筑及装饰工程技术、古建施工技术、景观小品（雕塑）施工技术等。从上分类可以看出，种类细化后施工技术繁多，同一专业施工技术，有类别不同的工种施工技术组成；同一工种施工技术，在不同专业施工技术上也具有差异。

另外，园林施工技术按年代及使用情况，可以分为传统技艺（有价值的称为非遗）、常用技艺（通用做法）、领先技艺（专利工法）、时尚技艺等。例如：园林假山的传统堆叠施工技术，就是典型的传统技艺；园路的干铺法、湿铺法就是目前常用的施工技术；断崖复绿的施工技术就是专利工法；而目前利用"海绵城市"理念，透水路面的做法，就是时尚施工技术，尚没有统一的标准。

通常情况下，由于新材料不断引入到园林建设中，带来了施工技术的变革，这样形成新的施工技术，一般称之为施工工艺的革新。施工工艺的革新是决定性的，引起施工流程、施工内容、施工装配、辅助施工机械的深刻变化。例如，地下排水管顶管工艺、园林建筑屋顶、立面流线型材料应用等。

在园林工程施工过程中，施工技术是通过施工组织设计及施工图的文件规定内容来实施完成，并在施工前建立施工技术成果（产品）的通用规范与评价标准。

在各项单项工程中，施工技术核心点的把控以及主要施工技术流程的合理安排，是园林施工技术在工程实施过程中的体现，既有共性之处，如施工中使用主材与辅材质量要求、检验要求、施工质量误差控制、工程验收等，也有园林单项工程个性施工技艺要求。

3.1　土方施工技术

地形是户外空间中最为基础的元素，也是景观设计中"景"的基本骨架构成，影响着微气候的营造、空间划分、植物造景、生物群体的兴盛等。人们在游览中国古典园林的时候，时常会忍不住感叹私家园林"山重水复疑无路，柳暗花明又一村"般富有韵律节奏的空间及其特有的情趣和境界，这正是园林地形的魅力所在。

3.1.1　园林土方施工技术核心点

（1）园林土方施工技术核心特色是塑造地形，塑造符合景观需要的基底。

（2）通过科学工程设计、计算，使现场的土方量（挖与填）尽量平衡，对此，中国古代的造园家早有总结：挖湖堆山。

3.1.2　园林工程土方施工技术流程

挖、填、压、运、饰。

【案例 3-1】

某花园小区在施工中涉及一项土方工程，该工程挖方最大深度为 1.2m，土层是松散的土质。项目部研究后决定采用垂直开挖的方式进行挖方。此外，该工程有一处土方施工地点是属于低湿地，根据设计要求需要平整并绿化。

问题：

（1）挖方方案采用垂直开挖方式是否妥当？说明理由并简述挖土方原则。

（2）填方及压实应采取哪些措施？

（3）土方运输应采取哪些措施？

（4）低湿地整地应采取哪些措施？

分析：

（1）不妥当，若须垂直下挖者，松散土不得超过 0.7m，中等密度土不超过 1.25m，坚硬土不超过 2m，超过以上数值的须加支撑板，或保留符合规定的边坡，而本案例的土层是松散的土质所以采用垂直开挖不妥当。

挖方应遵循如下原则：① 施工者应有足够的工作面，一般人均 4~6m²；两人相互之间的间距应大于 2.5m。多台机械开挖，挖土机之间的间距应大于 10m。在挖土机工作范围内，不许进行其他作业。② 开挖土方附近不得有重物及易塌落物。③ 在开挖过程中，随时注意观察土质情况，注意留出合理的坡度。④ 挖方工人不得在土壁下向里挖土，以防塌方。⑤ 施工过程中必须注意保护基桩、龙门板及标高桩。

（2）填方及压实应采取如下措施：① 填方的顺序，做到先填石方、后填土方，先填底土、后填表土。② 填方的方式，做到分层填筑，一般每层填埋的厚度在 30~50cm，并进行压实处理。③ 对于坡面填方，要防止新填的土方沿坡面滑落，应在填方前，对坡面进行咬合处理，如修成阶梯形，再进行填方。④ 不同功能场地，如景观建筑场地、广场场地、绿地等，应符合有关技术规范要求。⑤ 填方所使用的材料，应做到环保、无污染，严禁使用污染废弃物、建筑废渣等。对于植物栽植用的表土填方，还应进行消毒处理，做到无病虫害传播。⑥ 压实为保证土壤相对稳定，压实要求均匀，并且注意土壤含水量，过多过少都不利于压实；如土壤过分干燥，需先洒水湿润后再行压实。

（3）场地土方竖向设计一般都力求土方平衡，以减少搬运量。土方运输是一项较艰巨的劳动，必须组织好运输线路，一般采用回环式道路，并要明确卸土地点，避免混乱和窝工。如使用外来土垫地堆山，运土车辆应设专人指挥，使卸土位置准确，避免乱堆乱卸，给以后的施工带来麻烦。

（4）低湿地土壤密实，水分过多，通气不良，土质多带盐碱，即使树种选择正确，也常常生长不好。解决的办法是挖排水沟，降低地下水位，防止返盐返碱。通常在种树前一年，每隔 20cm 左右就挖出一条深 1.5~2.0m 的排水沟，并将掘起来的表土翻至一侧培成垄台。经过一个生长季，土壤受雨水的冲洗，盐碱减少了，杂草腐烂了，土质疏松，不干不湿，即可在垄台上种树。

3.2　园路（广场铺装）施工技术

3.2.1　园路（广场铺装）施工技术核心点

（1）以一幅路为主、以曲为美，注重路缘景观，园路本身就是景观，路面层变化很多。

（2）广场铺装强调图案性、趣味性、寓意性等，与园路的区别在无明确导向性。

（3）强基层、景面层、似海绵是园路施工技术的核心特色；干铺法、湿铺法是常见的施工技术。

3.2.2　园路（广场铺装）施工技术流程

路型确定→定点放线（平面与竖向）→开挖路槽→路基夯实→基层（垫层）铺设→（道牙）→结合层→（路缘石）面层（装饰层）→路缘石（道牙）→面层修饰、保养。

【案例3-2】

某公园拟修建一个一幅路面的主园路。考虑采用沥青路面与混凝土路面形式，并考虑在路面上设置路面减速带。

问题：

（1）试分别写出采用沥青路面与混凝土路面的施工做法。

（2）试写出景观隐性路面减速带的施工做法。

分析：

（1）主园路一般是车行道，应考虑荷载，施工做法如下：

1）采用沥青路面施工做法：沥青路面的横断面结构如图3-1所示（单位：mm），施工做法如下：①沥青面层的铺设须在其他各工种结束之后方可实施，避免二次开挖的损坏，确保表面不受污染；②粗粒层铺设的厚度一般为50mm左右，在摊铺混合料时，运距不能过远，摊铺厚度均匀，碾压遍数不能太少，避免混合料空隙太大，一般不能进行补料，尤其是粗粒层；③纵横向接缝应紧密、平顺、各幅间重叠的多余混合料应即时人工铲走；④沥青混凝土摊铺整平之后，应趁热及时机械压边、碾压；⑤碾压过程分初压、复压和终压三个阶段，碾压时压路机开行的方向应平行于道路中心线，表面平整、密实，拱度与面层一致；⑥在沥青铺设后1～2d表面干燥后，应立即铺设彩条布做路面保护，直至开放。

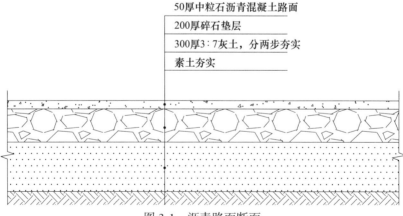

> 50厚中粒石沥青混凝土路面
>
> 200厚碎石垫层
>
> 300厚3：7灰土，分两步夯实
>
> 素土夯实

图3-1　沥青路面断面

2）采用混凝土路面的施工做法：混凝土的横断面结构如图3-2所示，混凝土路面施工标准如图3-3所示。

（2）景观隐性路面减速带的施工做法：

1）景观隐性路面减速带如图3-4所示。

2）其施工做法如图3-5所示。

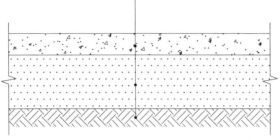

120（180、220）厚C25混凝土面层分块捣制，随打随抹平，每块长度不大于6m，缝宽20，沥青砂子或沥青处理，松木条嵌缝

300厚3：7灰土，分两步夯实

素土夯实

图 3-2　混凝土断面（单位：mm）

（a）制模，素土夯实后铺设碎石垫层　（b）混凝土垫层浇注　（c）混凝土垫层初平　（d）人工表面细平　（e）晾晒养护干硬3d后，进行机械刻纹

图 3-3　混凝土路面施工标准

图 3-4　景观隐性路面减速带

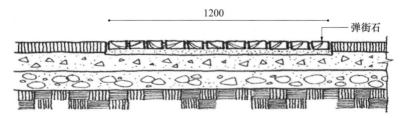

图 3-5　隐性路面减速带断面图

注：减速带材料为 100×100×60 弹街石（芝麻黑）。

63

3.3　园林水景施工技术

3.3.1　园林水景施工技术核心点

（1）常见园林水景的类型：动态水（喷泉、溪流、瀑布、跌水、叠水等）、静态水（人工湖、人造池），熟悉以上常见水景的施工技术；

（2）水景常见的技术参数：水质、水深（常水位、最高水位、最低水位）、水速、水量、水压等；

（3）驳岸与护坡、水池、人工生态池（含浮岛）、水闸等施工技术；

（4）水泵安装、喷泉安装、水下灯具安装、智能设备等安装；

（5）园林水景施工技术核心特色，是盛水"容器"以及"水型"的控制技术。

3.3.2　园林水景施工技术流程

（1）以喷泉水池水景为例：按图纸施工放线→土方施工→水池（盛水容器）施工［刚性做法：钢筋混凝土浇筑；柔性做法：防水卷材（例如：三元乙丙橡胶（EPDM）卷材）、防水薄膜施工技术］→管线安装→水泵安装→电气、智能设备安装→喷头安装、水下灯具安装以及调试等。

（2）以驳岸为例：按图纸确定施工段（有水施工段，要用围堰法排除积水）→放线→挖槽（夯实基础）→浇筑（砌筑）驳岸基础（埋入水底）→浇筑（砌筑）驳岸墙身→砌筑驳岸压顶→驳岸与陆地相接部分排水装置施工→驳岸岸线景观施工。

【案例 3-3】

某公园利用现状条件，规划设计人造溪流（花溪），效果图如图 3-6 所示。请根据效果图，简要回答以下问题。

图 3-6　人造溪流

问题：

（1）根据实景照片，写出人造溪流的施工流程。

（2）人造溪流，常采用循环供水的方式，一般使用离心泵，选用的离心泵可参考"铭牌"参数指标，图 3-7 是某离心泵的参数指标，请说明各类参数指标的含义。

```
┌─────────────────────────────────────────────────────────┐
│                    清水离心式水泵                          │
│                                                           │
│   型    号   IS100-80-160A      流量        90m³/h        │
│                                                           │
│   扬    程   24m                允许吸上真空高度   5.8m     │
│                                                           │
│   轴功率    11kW               转速        2900r/min      │
│                                                           │
│   效    率   77%               重量        60kg           │
│                                                           │
│   出厂编号   8～15             出厂日期                    │
└─────────────────────────────────────────────────────────┘
```

图 3-7　离心泵铭牌

分析：

（1）人造溪流施工流程：

1）施工准备：主要环节是进行现场踏查，熟悉设计图纸，准备施工材料、施工机具，确定施工队伍。对施工现场进行清理平整，接通水电，搭置必要的临时设施等。

2）溪道放线：依据已确定的溪流设计图纸，用石灰、黄沙或绳子等在地面上勾画出溪流的外形轮廓，同时确定溪流循环用水的出水口和承水池间的管线走向。由于溪道宽窄变化多，放线时应加密打桩量，特别是转弯点，各桩要标注清楚相应的设计高程，变坡点要做特殊标记。

3）溪槽开挖：溪流要按设计要求开挖，最好挖掘成 U 形坑，因小溪多数较浅，表层土壤较肥沃，要注意将表土堆放好，作为溪涧种植用土。溪道开挖要求有足够的宽度和深度，以便安装散点石。值得注意的是，一般的溪流在落入下一段之前都应有至少 7cm 的水深，故挖溪道时每一段最前面的深度都要深些，以确保流水畅通和自然。溪道挖好后，必须将溪底基土夯实，溪壁夯实。如果溪底用混凝土结构，先在溪底铺 10～15cm 厚的碎石层作为垫层。

4）溪底施工：① 混凝土结构。在碎石垫层上铺上沙子（中沙或细沙），垫层 2.5～5cm，盖上防水材料（EPDM、油毡卷材等），然后现浇混凝土，厚度 10～15cm（北方地区可适当加厚），其上铺水泥砂浆约 3cm，然后再铺素水泥浆 2cm，按设计放入卵石即可。② 柔性结构。如果小溪较小，水又浅，溪基土质良好，可直接在夯实的溪道上铺一层 2.5～5cm 厚的沙子，再将衬垫薄膜盖上。衬垫薄膜纵向的搭接长度不得小于 30cm，留于溪岸的宽度不得小于 20cm，并用砖、石等重物压紧。最后用水泥砂浆把石块直接粘在衬垫薄膜上。

5）溪壁施工：溪岸可用大卵石、砾石、瓷砖、石料等铺砌处理。和溪道底一样，溪岸也必须设置防水层，防止溪流渗漏。如果小溪环境开朗，溪面宽、水浅，可将溪岸做成草坪护坡，且坡度尽量平缓；临水处用卵石封边即可。

6）溪道装饰：为使溪流更自然有趣，可用较少的鹅卵石放在溪床上，这会使水面产生轻柔的涟漪。同时按设计要求进行管网安装，最后点缀少量景石，配以水生植物，饰以小桥、汀步等小品。

7）溪流供水设备等安装：有的人造溪流采用循环供水的方式，在溪流土建施工时，应根据设计图纸要求，预埋管线与设备控制室（房）等，应注意隐蔽，少留人工痕迹。

8）试水：试水前应将溪道全面清洁和检查管路的安装情况。而后打开水源，注意观察水流及岸壁水位，观察时间不少于 24h，如达到设计要求，说明溪道施工合格。

（2）水泵：

1）水泵选型。喷泉使用的水泵以离心泵、潜水泵最为普遍。① 单级悬壁式离心泵特点是扬程选择范围大，应用广泛，是依靠泵内的叶轮旋转所产生的离心力将水吸入并压出，常有 IS 型、DB 型；② 潜水泵分为立式与卧式，使用方便，安装简单，不需要建造泵房，主要型号有 QY 型、QD 型、B 型等，潜水泵的电机必须有良好的密封防水装置，使用卧式潜水泵，可将水池内的水位降至最小值；③ 管道泵可以用于移动式喷泉或小型喷泉，将泵体与循环水、自来水的管道直接相连，以满足喷泉扬程的需要。

2）水泵性能。水泵选择要做到"双满足"，即流量满足、扬程满足。为此，先要了解水泵的性能，再结合喷泉水力计算结果，最后确定泵型。通过水泵上铭牌能基本了解水泵的规格及主要性能：① 水泵型号。水泵型号按流量、扬程、尺寸等给水泵编的型号，有新旧两种型号；② 水泵流量。水泵流量是指水泵在单位时间内的出水量，单位用 m^3/h 或 L/s；③ 水泵扬程。水泵扬程是指水泵的总扬水高度；④ 允许吸上真空高度。允许吸上真空高度是防止水泵在运行时产生汽蚀现象，通过试验而确定的吸水安全高度，其中已留有 0.3m 的安全距离。该指标表明水泵的吸水能力，是水泵安装高度的依据。

3）泵型的选择。通过流量和扬程两个主要因子选择水泵，方法如下：① 确定流量。按喷泉水力计算总流量确定；② 确定扬程。按喷泉水力计算总扬程确定；③ 选择水泵。水泵的选择应依据所确定的总流量、总扬程查水泵铭牌即可选定。如喷泉需用两个或两个以上水泵提水时（注：水泵并联，流量增加，压力不变；水泵串联，流量不变，压力增大），用总流量除水泵数求出每台水泵流量，再利用水泵性能表选泵。查表时，若遇到两种水泵都适用，应优先选择功率小、效率高、叶轮小、重量轻的型号。

图 3-7 的离心泵参数指标为：其中，扬程以 H 表示，单位为 mH_2O；流量：单位时间水泵的出水量，以 Q 表示（$1L/s = 3600L/h = 3.6m^3/h$）；允许吸上真空高度：表示水泵能够吸上水的高度。为安全考虑，再加 0.3m 的安全超高；规定水泵的安装高度必须在这个真空高度范围之内；型号 IS——国际标准单级单吸清水离心泵；100——泵入水口直径；80——泵出水口直径；160——泵叶轮名义直径。

3.4　园林假山施工技术

3.4.1　园林假山施工技术核心点

（1）园林假山是中国园林特有景观的表达方式，通过人为堆叠的方法（传统施工技术与现代施工技术），仿造"自然山水"意境与寓意。

（2）常见有土抱石、石抱土两种类型；有假山与置石的区别；有天然石料假山与人工材料（GRC）假山区别。

3.4.2　园林假山施工技术流程

（1）传统意义上假山：放线→基础→拉底层→中层→峰层→山脚→其他景观元素结合（水、植物）。

（2）人造材料假山：放线→基础→浇筑（砌筑）结构柱架→钢筋网塑型→GRC 材料罩面→仿山饰面→其他景观元素结合（水、植物）。

【案例 3-4】

某屋顶花园工程项目根据方案设计需安置假山景观一处，该假山占地长为 10m，宽为 6m，最高点约 4m；已知屋顶的承重荷载为 500kg/m²。

问题：

（1）能否采用天然石料进行堆叠？若不能够选用天然石料，可以选用何种施工方案，写出具体的施工技术流程。

（2）比较该施工方案的优点是什么。

分析：

（1）根据题设条件，按假山天然石料计算公式：

$$W_{重（吨）} = 2.6 \times S_{底平} \times H_{最高} \times K_n \tag{3-1}$$

式中　$S_{底平}$——假山不规则平面轮廓水平投影面积最大外界的矩形面积（m^2）；

　　　$H_{最高}$——假山石着地点至最高点的垂直距离（m）；

　　　K_n——孔隙折减系数，当 $H \leqslant 1m$ 时，$K_n = 0.77$，当 $H \leqslant 3m$ 时，$K_n = 0.653$；当 $H \leqslant 4m$ 时，$K_n = 0.60$。

代入公式计算该假山造型区域的重量：$W_{重（吨）} = 2.6 \times 60 \times 4 \times 0.60 = 374.4t$，换算成屋顶荷载为 374.4t 除以 $60m^2$ 等于 $6.24t/m^2$（$6240kg/m^2$）；远远大于 $500kg/m^2$ 的实际荷载。因此，选用天然假山石在此屋顶花园进行假山堆叠，会造成屋顶屋面支撑面超荷载变形等危害。

所以应当选用合成材料进行塑山（GRC，玻璃纤维强化水泥）。具体施工技术流程如下：

1）基架设置。人造石假山的骨架结构有砖结构式、钢架结构、混凝土或三者结合；也有利用建筑垃圾、毛石作为骨架结构。砖结构简便省节，方便修整轮廓，对于山形变化较大的部位，可结合钢架、钢筋混凝土悬挑。山体有飞瀑、流泉和预留的绿化洞穴位置的，要对骨架结构做好防水处理。

2）泥底塑型。用水泥、黄泥、河沙配成可塑性较强的砂浆在已砌好的骨架上塑型，反复加工，使造型纹理、塑体和表面刻划基本上接近模型。水泥砂浆中可加入纤维性的附加料以增加表面抗拉的力量，减少裂缝。常以 M7.5 水泥砂浆做初步塑形，形成大的峰峦起伏的轮廓和石纹、断层、洞穴、一线天等自然造型。若为钢骨架，则应抹白水泥麻刀灰两遍，再堆抹豆石混凝土，然后于其上进行山石皴纹造型。

3）塑面。在塑体表面进一步细致地刻划石的质感、色泽、纹理和表层特征。质感和色泽根据设计要求，用石粉、色粉按适当比例配白水泥或通过水泥调成砂浆，按粗糙、平滑、拉毛等塑面手法处理。纹理的塑造，一般来说，以直纹为主、横纹为辅的山石，较能表现峻峭、挺拔的姿势；以横纹为主、直纹为辅的山石，能表现潇洒、豪放的意象；综合纹样的山石则较能表现深厚、壮丽的风貌。常用 M15 水泥砂浆罩面塑造山石的自然皴纹。

4）设色。在塑面水分未干透时进行设色，基本色调用颜料粉和水泥加水拌匀，逐层洒染。在石缝孔洞或阴角部位略洒稍深的色调，待塑面九成干时，在凹陷处洒上少许绿、黑或白色等大小、疏密不同的斑点，以增强立体感和自然感。

塑山施工步骤如图 3-8 所示。

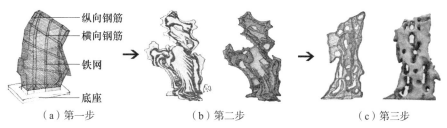

（a）第一步　　　　（b）第二步　　　　（c）第三步

图 3-8　塑山施工步骤示意

综合现在 GRC 假山塑石的问题，应注意以下几点：

1）山体大部分用大块面组成，没有明显的层次变化，给人一种单调、生硬的视觉感受，山形意境不够；

2）只有孤零零的山体，没有与山体相配合的植物等其他元素，整个山体缺乏生机和活力。

（2）塑山、塑石假山的优点。

由于自然石料采集越来越困难以及假山景观受到人们越来越多的喜欢，寻找合适的替代品成为必然趋势。以 GRC 为材料的替代品具有以下优点：

1）可塑性强：GRC 等人造材料，具有极好的可塑性，采用雕塑手法，易于表现各种山石形态，特别能够塑造难以运输和堆叠的巨型奇石。

2）自重轻：GRC 等材料采用内骨架外饰面的壳体做法，没有实体重量，因此，可以广泛应用在室内花园、屋顶花园等荷载量较小的空间。

3）造价较低：采用人工合成材料，可以按需大量生产、装配，克服了天然假山"物以稀为贵"的问题。

4）空间具有多用途：采用内骨架外饰面的壳体做法，假山内部空间可以综合利用。

5）对于大型假山群的建造，具有建造速度快的优点。

3.5 园林小品施工技术

3.5.1 园林小品施工技术核心点

园林小品，即为外部环境中供人们使用以及构成环境景观要素的小型公共设施。其施工技术核心点如下：

（1）造型（色彩）、材料、尺寸等变化多；特别是现在在设计上采用参数技术，异型变化更多，给施工技术带来挑战。

（2）考虑环保、低碳、可循环等设计要求，轻质钢结构、木结构等施工技术应用多。

（3）景观性要求高，砌体技术、幕墙技术、油漆技术、饰面技术等广泛应用。

3.5.2 园林小品施工技术流程

（1）以景观围墙为例，复核施工图→放线、开挖基础→标高及水平线测定→浇筑柱础、砌砖墙→浇筑柱、砌砖墙（或墙身铁艺）→围墙涂料以及罩面漆。

（2）以景观雕塑为例，其施工技术流程如图 3-9 所示。

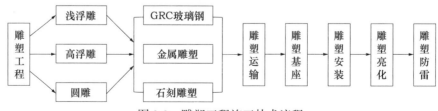

图 3-9 雕塑工程施工技术流程

【案例 3-5】

某公园拟建一组展现城市历史文化的景墙。在施工招标时，明确可以根据这组景墙的尺寸,选用不同的材料饰面,采用不同的施工做法。

问题:

(1)请按施工招标要求,归纳常见景墙饰面的做法。

(2)若景墙兼有挡土墙功能,应采用哪些施工做法。

分析:

(1)常见景墙饰面的施工技艺如下:

1)利用砌筑工艺本身,进行艺术化设计处理,具体见表3-2。

清水(裸墙)墙做法 表3-2

类别	基层墙体		做法	图样	图片
清水(裸墙)墙	普通砖		清水砖墙1:1水泥砂浆勾凹缝,缝宽10~15,凹入3~5	普通砖 / 1:1水泥砂浆勾凹缝 10~15 3~5	
				普通砖 / 1:1水泥砂浆勾凹缝 5	
				普通砖 / 1:1水泥砂浆勾凹缝 5	
	空心砌砖		清水砖墙1:1水泥砂浆勾凹缝,缝宽10~15,凹入3~5	空心砌块 / 1:1水泥砂浆勾凹缝 5	
				空心砌块 / 1:1水泥砂浆勾凹缝 5	
	多孔砖		清水砖墙1:1水泥砂浆勾凹缝,缝宽10~15,凹入3~5	多孔砖 / 1:1水泥砂浆勾凹缝 5	
	虎皮墙	石块墙	1:2水泥砂浆勾平凸缝,缝宽20~25,凸出3~4	1:2水泥砂浆	

续表

类别	基层墙体		做法	图样	图片
清水（裸墙）墙	整体石墙	石块墙	1:2水泥砂浆勾凹缝，凹缝缝宽10～25，凹入5～8	1:2水泥砂浆	
	整体石墙		1:2水泥砂浆不勾缝	1:2水泥砂浆	
	清水混凝土墙	大规模混凝土墙，清水模板（光膜）	涂刷丙烯酸共聚物基混凝土保护聚合物砂浆局部修补基层喷砂或水枪清除混凝土基层表面灰尘、油污、反碱、油漆、浮浆、松动砂浆及表面残留物	模具安装孔	

2）抹灰、涂料饰面做法，具体见表 3-3。

抹灰墙做法   表 3-3

类别	墙面材料名称	墙体基面	做法	图片
一般抹灰墙	水泥砂浆饰面墙	普通砖墙、非黏土多孔砖墙、混凝土墙、混凝土砌块墙、加气混凝土墙	6厚1:2.5水泥砂浆面层 12厚1:3水泥砂浆打底扫毛或划出纹道 聚合物水泥砂浆一道（砖墙基面可省略）	 彩色饰面砂浆窑变
	彩色饰面砂浆	普通砖墙、非黏土多孔砖墙、混凝土墙、混凝土砌块墙、加气混凝土墙	无机粉末剂 无机饰面砂浆 无机抗渗界面剂 1:2.5水泥砂浆找平	 彩色饰面砂浆花岗石单色
抹灰饰面墙	水刷石墙面 小八厘：普通水泥、白色或彩色水泥 中八厘：普通水泥、白色或彩色水泥	普通砖墙、非黏土多孔砖墙、混凝土墙、混凝土砌块墙	8厚1:1.5水泥石子（小八厘）或8厚1:2.5水泥石子（中八厘）面层 素水泥浆一道（内掺水重5%的建筑胶） 12厚1:3水泥砂浆中层底抹平，扫毛或划出纹道，聚合物水泥砂浆一道（砖墙基面可省略）	 水刷石，小八厘，白色水泥
	水刷小豆石墙面 普通水泥白色或彩色水泥	普通砖墙、非黏土多孔砖墙、混凝土墙、混凝土砌块墙	12厚1:1.5水泥小豆石（粒径5～8）面层 素水泥浆一道（内掺水重5%的建筑胶） 12厚1:3水泥砂浆中层底抹平，扫毛或划出纹道 聚合物水泥砂浆一道（砖墙基面可省略）	 水刷小豆石、普通水泥

类别	墙面材料名称	墙体基面	做法	图片
抹灰饰面墙	剁斧石墙	普通砖墙、非黏土多孔砖墙、混凝土墙、混凝土砌块墙	• 斧剁斩毛两遍成活 • 10厚1:2水泥石子（米粒石内掺30%石屑）面层赶平压实 • 素水泥浆一道（内掺水重5%的建筑胶） • 12厚1:3水泥砂浆中层底抹平，扫毛或划出纹道 • 聚合物水泥砂浆一道（砖墙基面可省略）	
	干粘石普通水泥白色水泥或彩色水泥	普通砖墙、非黏土多孔砖墙、混凝土墙、混凝土砌块墙	• 刮1厚建筑胶素水泥粘结层（质量比＝水泥：建筑胶＝1:0.3），干黏石面层拍平压实（粒径小八厘掺石屑为宜，与6厚水泥砂浆层连续操作） • 6厚1:3水泥砂浆 • 12厚1:3水泥砂浆打底扫毛或划出纹道 • 聚合物水泥砂浆一道（砖墙基面可省略）	 干黏石，普通水泥
外墙涂料	无机建筑涂料合成建筑涂料溶剂型建筑涂料复层建筑涂料合成树脂乳液砂壁状涂料溶剂型双组聚氨酯涂料	非黏土多孔砖墙、混凝土墙、混凝土砌块墙	• 外涂 • 6厚1:2.5水泥砂浆 • 12厚专用1:3水泥砂浆打底扫毛或划出纹道	 浮雕饰面
		大规模混凝土墙	• 外涂 • 12厚1:2.5水泥砂浆 • 素水泥浆一道（内掺水重5%的建筑胶） • 5厚专用1:3水泥砂浆打底扫毛或划出纹道 • 聚合物水泥砂浆一道	 真石漆饰面
		混凝土砌块墙、混凝土空心砌块墙	• 外涂 • 聚合物水泥砂浆修补平整	
合成树脂幕墙外墙	合成树脂金属幕墙合成树脂实色幕墙合成树脂石材幕墙	非黏土多孔砖墙	• 金属面、实色面、透明保护面、花纹造型层 • 实色着色填充中层两遍 • 抛光腻子层 • 找平腻子层、耐碱玻纤网、第二遍找平腻子层，共2厚 • 清理基层 • 6厚1:2.5水泥砂浆找平层，高级抹灰 • 12厚专用1:3水泥砂浆打底扫毛或划出纹道	 彩石漆饰面 弹性涂料拉毛
		大规模混凝土墙	• 金属面、实色面、透明保护面、花纹造型层 • 实色着色填充中层两遍 • 抛光腻子层 • 找平腻子层、耐碱玻纤网、第二遍找平腻子层，共2厚 • 清理基层 • 6厚1:2.5水泥砂浆找平层，高级抹灰 • 聚合物水泥砂浆修补平整	 弹性质感纹理饰面

续表

类别	墙面材料名称	墙体基面	做法	图片
合成树脂幕墙外墙	合成树脂金属幕墙 合成树脂实色幕墙 合成树脂石材幕墙	混凝土砌块墙、混凝土空心砌块墙	― 金属面、实色面、透明保护面、花纹造型层 ― 实色着色填充中层两遍 ― 抛光腻子层 ― 找平腻子层、耐碱玻纤网、第二遍找平腻子层、共2厚 ― 清理基层 ― 6厚1:2.5水泥砂浆找平层，高级抹灰 ― 12厚1:2.5水泥砂浆找平 ― 素水泥浆一道（内掺水重5%的建筑胶） ― 5厚1:3水泥砂浆打底扫毛或划出纹道 ― 聚合物水泥砂浆一道	

3）墙面贴面技术，具体见表 3-4。

墙面贴面做法　　　　　　　　　　　　　　　　　　　　　　　　　　　表 3-4

类别	墙面材料名称	墙体基面	做法（水泥砂浆）	做法（丁苯胶乳粘结剂）	图片
外墙饰面砖外墙面	陶瓷饰面砖墙面、劈离砖墙面、彩色釉面砖墙面	非黏土多孔砖墙	― 1:1水泥（或白水泥掺色）砂浆（细砂）勾缝 ― 贴8～10厚外墙饰面砖，随贴随涂刷一道混凝土界面处理剂 ― 6厚1:2.5水泥砂浆（掺建筑胶） ― 12厚1:3水泥砂浆打底扫毛或划出纹道	― 丁苯胶乳改性双组分填缝剂 ― 8～10厚外墙砖 ― 3～6丁苯胶乳改性双组分胶粘剂 ― 10～20丁苯胶乳改性双组分预拌砂浆找平	陶瓷饰面砖 劈离砖
		大规模混凝土墙	― 1:1水泥（或白水泥掺色）砂浆（细砂）勾缝 ― 贴8～10厚外墙饰面砖，随贴随涂刷一道混凝土界面处理剂 ― 聚合物水泥砂浆修补平整		
		混凝土砌块墙、混凝土空心砌块墙	― 1:1水泥（或白水泥掺色）砂浆（细砂）勾缝 ― 贴8～10厚外墙饰面砖，随贴随涂刷一道混凝土界面处理剂 ― 6厚1:2.5水泥砂浆（掺建筑胶） ― 素水泥一道（内掺水重5%建筑胶） ― 5厚1:3水泥砂浆打底扫毛或划出纹道 ― 聚合物水泥砂浆一道	― 丁苯胶乳改性双组分填缝剂 ― 8～10厚外墙砖 ― 3～6丁苯胶乳改性双组分胶粘剂 ― 10～20丁苯胶乳改性双组分预拌砂浆找平 ― 1～3丁苯胶乳改性双组分界面剂	彩色釉面砖

续表

类别	墙面材料名称	墙体基面	做法（水泥砂浆）	做法（丁苯胶乳粘结剂）	图片
外墙饰面砖外墙面	陶瓷锦砖墙面玻璃马赛克墙面	非黏土多孔砖墙	— 白水泥擦缝或1∶1彩色水泥细砂砂浆勾缝 — 5厚陶瓷（玻璃）锦砖（贴前锦砖用水浸湿） — 3厚建筑胶水泥砂浆（或专用胶）粘结层 — 素水泥一道（用专用胶粘结时无此工序） — 9厚1∶3水泥砂浆打底压实抹平（用专用胶粘结时要平整）	— 丁苯胶乳改性双组分填缝剂 — 3～6厚锦砖 — 2～5丁苯胶乳改性双组分胶粘剂 — 10～20丁苯胶乳改性双组分预拌砂浆找平	陶瓷锦砖
		大规模混凝土墙	— 白水泥擦缝或1∶1彩色水泥细砂砂浆勾缝 — 5厚陶瓷（玻璃）锦砖（贴前锦砖用水浸湿） — 3厚建筑胶水泥砂浆（或专用胶）粘结层 — 素水泥一道（用专用胶粘结时无此工序） — 9厚1∶3水泥砂浆打底压实抹平（用专用胶粘结时要平整） — 聚合物水泥砂浆修补平整	— 丁苯胶乳改性双组分填缝剂 — 3～6厚锦砖 — 2～5丁苯胶乳改性双组分胶粘剂 — 10～20丁苯胶乳改性双组分预拌砂浆找平 — 1～3丁苯胶乳改性双组分界面剂	玻璃锦砖
		混凝土砌块墙、混凝土空心砌块墙	— 白水泥擦缝或1∶1彩色水泥细砂砂浆勾缝 — 5厚陶瓷（玻璃）锦砖（贴前锦砖用水浸湿） — 3厚建筑胶水泥砂浆（或专用胶）粘结层 — 素水泥一道（用专用胶粘结时无此工序） — 9厚1∶3水泥砂浆打底压实抹平（用专用胶粘结时要平整） — 混凝土界面处理剂（随刷随抹底灰）	— 丁苯胶乳改性双组分填缝剂 — 3～6厚锦砖 — 2～5丁苯胶乳改性双组分胶粘剂 — 10～20丁苯胶乳改性双组分预拌砂浆找平 — 1～3丁苯胶乳改性双组分界面剂	
石材饰面	粘贴石材、石材板、石材碎拼	非黏土多孔砖墙	— 1∶1水泥砂浆（细沙）勾缝 — 贴10～16厚薄型石材，石材背面涂5厚胶粘剂 — 6厚1∶2.5水泥砂浆结合层，内掺水重5%建筑胶，表面扫毛或划出纹道 — 聚合物水泥砂浆一道 — 10厚1∶3水泥砂浆打底扫毛或划出纹道	— 丁苯胶乳改性双组分填缝剂 — 10～25厚外墙石材 — 5～8丁苯胶乳改性双组分胶粘剂 — 10～20丁苯胶乳改性双组分预拌砂浆找平	蘑菇石 花岗石碎拼
		大规模混凝土墙	— 1∶1水泥砂浆（细沙）勾缝 — 贴10～16厚薄型石材，石材背面涂5厚胶粘剂 — 6厚1∶2.5水泥砂浆结合层，内掺水重5%建筑胶，表面扫毛或划出纹道 — 聚合物水泥砂浆一道 — 5厚1∶3水泥砂浆打底扫毛或划出纹道 — 聚合物水泥砂浆修补平整	— 丁苯胶乳改性双组分填缝剂 — 10～25厚外墙石材 — 5～8丁苯胶乳改性双组分胶粘剂 — 10～20丁苯胶乳改性双组分预拌砂浆找平 — 1～3丁苯胶乳改性双组分界面剂	花岗石冰裂纹碎拼

续表

类别	墙面材料名称	墙体基面	做法（水泥砂浆）	做法（丁苯胶乳粘结剂）	图片
石材饰面	粘贴石材、石材板、石材碎拼	凝土砌块墙、混凝土空心砌块墙	- 1:1水泥砂浆（细沙）勾缝 - 贴10~16厚薄型石材，石材背面涂5厚胶粘剂 - 6厚1:2.5水泥砂浆结合层，内掺水重5%建筑胶，表面扫毛或划出纹道 - 聚合物水泥砂浆一道 - 5厚1:3水泥砂浆打底扫毛或划出纹道 - 混凝土界面处理剂一道	- 丁苯胶乳改性双组分填缝剂 - 10~25厚外墙石材 - 5~8丁苯胶乳改性双组分胶粘剂 - 10~20丁苯胶乳改性双组分预拌砂浆找平 - 1~3丁苯胶乳改性双组分界面剂	
石材饰面	挂贴石材（配有钢筋网）	非黏土多孔砖墙、混凝土墙、混凝土砌块墙、加气混凝土墙	- 稀水泥浆擦缝 - 20~30厚石材板，由板背面预留穿孔（或沟槽）穿18号钢丝（或24不锈钢挂钩）与双向钢筋网固定，石材板与砖墙之间空隙层内用1:2.5水泥砂浆灌实 - ϕ6双向钢筋网（中距按板材尺寸）与墙内预埋钢筋（伸出墙面50）电焊（或18号低碳镀锌钢丝绑扎） - （砖墙）墙内预埋ϕ8钢筋，伸出50，横向中距700或按板材尺寸。竖向中距每10皮砖 - （混凝土墙）墙内预埋ϕ8钢筋，伸出50，或预埋50×50×4钢板，双向中距700 - （砌块墙体）需构造柱及水平加强梁，由结构专业设计 - 9厚1:3水泥砂浆打底压实抹平（用专用胶粘结时要求平整）	- 丁苯胶乳改性双组分填缝剂 - 20~30厚外墙石材，由板背面预留沟槽，采用石材干挂胶粘贴不锈钢片，18号铜丝与不锈钢片连接并采用钢钉固定至结构层 - 5~8丁苯胶乳改性双组分胶粘剂 - 10~20丁苯胶乳改性双组分预拌砂浆找平	 花岗石挂贴

4）墙面干挂技术，具体见表3-5。

墙面干挂做法 表 3-5

类别	墙面材料名称	墙体基面	做法	图片
格栅	干挂木格栅装饰	非黏土多孔砖墙、混凝土墙、混凝土砌块墙、加气混凝土墙	 装饰木条 规格、颜色由设计师确定 30×30×L，防腐木板 30×30×4方钢管龙骨 20厚1:2.5水泥砂浆找平层 非黏土砖墙砌筑 预埋件－100×100×5，2ϕ8　L=150	 生态木条　生态木一体板 木塑板　实木装饰装饰墙 实木方格网　实木条

类别	墙面材料名称	墙体基面	做法	图片
石材与板材	干挂天然石材墙面	非黏土多孔砖墙、混凝土墙、混凝土砌块墙	注：本图以缝挂式干挂石材幕墙为例，图示节点为密缝式节点。亦可做成开放式节点，竖缝做防水处理，安装防水条。 / 注：本图以背挂式干挂石材幕墙为例，图示节点为密缝式节点。亦可做成开放式节点，即横缝完全开放，竖缝做防水处理，安装防水条。	
	干挂铝塑复合板蜂窝结构金属板		4~25金属板材接缝处填充聚乙烯发泡条，外注密封胶闭缝 金属板材用抽芯柳钉或自攻螺丝固定于铝方型材横纵方向龙骨上，板材带折边采用搭接式，带挂耳采用对接式 60×60×4铝方型材龙骨，横向间距同金属板材宽度，纵向间距同金属板材长度，用螺栓与角钢连接，角钢用膨胀螺栓固定于墙体上（砌块类墙体应有构造柱及水平加强梁，由结构专业设计）	
	干挂金属条形扣板		金属条扣板长方向一个延伸，边用抽芯柳钉或自攻螺丝固定于龙骨上，下一扣板的扣接延伸边卡入前一扣板延伸边凹口内，再用螺钉固定扣板另一延伸边，按顺序逐条安装 60×60×4铝方型材龙骨，布置方向与条形扣板的长向垂直，间距600，用螺栓与角钢连接，角钢用膨胀螺栓固定于墙体上（砌块类墙体应有构造柱及水平加强梁，由结构专业设计）	
	耐候板镜面不锈钢板		□50×50×4方钢管龙骨 10厚锈板 调节垫块 4厚U形钢支撑 预埋件−100×100×5 2ϕ6 L=150 基层墙体	耐候板 彩色不锈钢板 镜面不锈钢板 压花不锈钢板

（2）若挡土墙兼有景观功能，可以采用上述清水墙施工技术或干挂施工技术，从而发挥景观挡土墙的双重功能。

3.6　园林绿化施工技术

3.6.1　园林绿化施工技术核心点

（1）施工技术应遵循：适地适树，"三分种，七分养"；营造四季时空。

（2）园林绿化施工常见形式：孤植、组合种植、带状种植、片植；复式种植、立体花坛、立面种植；花池、花坛、花境。

（3）园林绿化施工技术重要参数：树木的胸径、高度、分枝高度、分枝数量、冠幅、土球重量等；植物的习性、形态特征等。

3.6.2　园林绿化施工技术流程

（1）乔灌木种植：放线→定树穴（注意场地的设计要求）→选苗、移苗（后场进行，运输）→修剪→定苗→修剪→工程期养护（特别注意反季节种植施工养护）。

（2）绿篱、地被、草坪种植：放线→平整种植土→确定种植密度→先内后外种植，先高后低种植→修剪造型→施工期养护（特别注意反季节种植施工养护）。

（3）水生植物：种植放线→种植水深的确定→水生植物种植点（或容器）固定→水面或水下辅助设施的安装→种植水生植物（密度、高度等）→施工期养护（特别注意反季节种植施工养护）。

（4）园林绿化特殊施工工艺：大树移植施工技术、立体花坛（绿雕）施工技术、反季节施工技术、断崖复绿施工技术、盐碱地绿化施工技术等。

（5）园林绿化养护：建立养护档案（特别要重视：大树移植养护、古树复壮养护、坡面种植养护、屋顶绿化养护、室内绿化养护等）→根据不同要求，建立养护月历与工作内容，精准养护。

【案例 3-6】

某企业承接了一项沿海滩涂湿地公园的绿化工程，项目部在施工前勘察现场并委托专业机构进行了土壤样品检测，结果表明土壤有机质含量为 0.3%，土壤 pH 值为 7.4，含盐量为 1%。施工企业认为土壤条件不宜直接绿化，应采取改土降盐措施，否则成活率无法达标。因此向甲方反映该问题并建议方案如下：

（1）绿化种植区采取全面换土，挖除原土，回填农田土。

（2）局部乔木种植区域设置倒滤层，倒滤层以河沙铺筑，埋深 50cm。

甲方认可施工方提出的问题，但认为建议方案有不妥之处，退回方案要求项目部修改。

问题：

（1）施工方提出的建议方案有何不妥之处？应做如何改进？

（2）除了施工方提出的建议方案，还可以采取哪些方法提高本项目绿化成活率？

（3）本项目施工期养护与常规绿化养护有何不同？应该如何制定栽后养护方案？

分析：

（1）方案不妥之处主要有以下几点：

1）施工方提出全面换土的方案不妥。本项目为滩涂湿地公园，大面积换土成本高，且单纯换土不能有效解决滩涂土壤盐碱化问题。

2）倒滤层材料选择河沙不妥，应选用碎石、片石等大规格粒料。

3）倒滤层埋深 50cm 不妥，埋深应符合植物的根系生长、伸长需求，一般不宜小于 80cm。

（2）除换土、倒滤层改良盐碱地外，还可以通过灌水洗盐、排盐盲管、化学改良、物理改良（地形、排盐沟）等措施。其中灌水洗盐和化学改良见效快，但持久性差；排盐盲管和物理改良法见效慢，但持久性好。本项目中宜采用局部换土结合倒滤层、排盐沟进行改良。

（3）项目位于滩涂湿地，土壤盐碱化严重，气候条件复杂。大风、降雨等气候现象频繁，以及潮水变化等都会对绿化工程产生影响；土壤盐分随降雨、潮涨潮落变化复杂。

本项目养护方案应该在常规养护的基础上进行防风、防寒及抑制盐分管理。

1）灌溉与排水：根据土壤墒情勤浇水、以水洗盐，但应避免积水；

2）中耕锄草；

3）施肥；

4）整形与修剪；

5）病虫害防治；

6）防护措施：支撑加固防风防寒，地面覆盖抑制土壤盐分；

7）开挖并定期疏通排水沟。

【案例 3-7】

表 3-6 为某绿化工程种植设计的部分苗木规格表。

苗木规格表　　　　　　　　表 3-6

序号	植物名称	数量	单位	胸径（cm）	高度（m）	冠幅（m²）	备注说明
1	香樟	4	株	6～10	7～8	4	种植密度间距 2m
2	蜡梅	3	株	2～3	1～2	1.0～2.0	
3	红叶小檗	3.5	m²		0.25～0.35	0.04	60 株 /m²（绿篱）
4	孝顺竹	10	株		3		

问题：

（1）植物（苗木）配置表是植物种植设计图的重要组成部分，请看上表，指出错误的地方。

（2）若将以上树种设计到城市快速道路的机动车中分带中，种植设计应注意哪些问题？并简要说明理由。

（3）简述以上 4 种植物在江南地区施工种植时（春季），有哪些特别的种植技术要点。

分析：

（1）错误的地方有：

1）香樟的胸径标注范围值区间太大；香樟的种植密度太小；

2）蜡梅的高度控制范围值区间太大；

3）红叶小檗作为绿篱栽植密度太密；

4）孝顺竹的单位表示不对，应为杆／丛。

（2）种植设计应注意下列要求：

1）快速路的中分带宽度应大于 4m 以上；

2）香樟沿中分带纵向布置应间距大于 8～10m，且造型应保持一致，以保证道路安全视线；

3）孝顺竹应布置在中分带中间，成几何形或成团状布置，相互间纵向间距应大于 20m，以保证道路安全视线；

（3）种植技术要点：

1）香樟的种植要点：①种植前的修剪工作，确保树冠造型；②种植穴与树球的关系，应大于树球 20cm 以上；③为保证成活，应"提球"种植，并在种植穴底部设置排水小碎石。

2）腊梅的种植要点：①腊梅枝条较脆，应在种植后小心剪开运输时的"拢冠"枝条，并进行修剪；②腊梅枝条较少时，可以进行"抹叶"修剪等。

3）红叶小檗的种植要点：①作为绿篱，种植前应保证高于成型后高度要求，一般修剪前的苗木应有 20cm 高差；②绿篱施工时，注意现场放线形状、高度等要求；③注意绿篱的种植密度等。

4）孝顺竹的种植要点：①按图纸要求，成"丛"种植，种植前，应涂抹根部生长剂或带泥浆进行种植；②种植前检查，确保竹子的"鞭根"上有芽；③应控制设定竹子生长的大体范围，并且种植完成后扶正竹子等。

3.7　园林照明亮化施工技术

3.7.1　园林照明亮化施工技术核心点

园林照明亮化施工技术核心点包括：确定照明的照度以及计算电功率、灯具造型等；确定园林建筑亮化、园林小品（园桥、园门、雕塑等）亮化、园林植物亮化、园林水体亮化等景观表现效果以及计算电功率。

3.7.2　园林照明亮化施工流程

复核电气设计图纸→确定接入处→增加变压器→电缆选择、放线敷设、灯具基座施工等→配电柜（箱）等控制设备→灯具选定、安装→调试。

【案例 3-8】

某公园为营造"夜公园"气氛，将进行公园照明与亮化的施工。其中，植物亮化施工具有一定的特殊性。

问题：

（1）写出园林照明亮化的意义。

（2）写出公园亮化的施工设计的要求。

（3）列举常见植物亮化的灯具类型。

分析：

（1）园林照明亮化的意义和作用。

近年来园林照明、亮化与城市发展一样与时俱进，塑造城市园林绿地夜间形象，增加城市魅力，丰富人们夜间生活。城市夜景照明设计应当贯彻国家的法律、法规和技术、经济政策，做到技术先进、经济合理、节约能源、保护环境、使用安全、维护管理方便、实施绿色照明和亮化。

园林夜间照明为园林绿地环境提供良好的视觉条件，而且利用灯具造型及光色的协调创造某种气氛和意境，体现一定的风格，增加园林艺术的美感，使环境空间更加符合人们的心理和生理上的要求，从而得到美的享受和心理平衡。所以，在现代照明设计中，为了满足人们的审美要求，更加致力于利用光的表现力对园林广场、仿古建筑、景观小品、灯光音乐喷泉进行艺术加工，以满足视觉的心理机能。园林照明主要作用如下：

1）丰富空间内容。在现代照明设计中，运用人工光的扬抑、隐现、虚实、动静以及控制投光角度和范围，以建立光的构图、秩序、节奏等手法，可以大大渲染空间变幻的效果，改善空间比例，限定空间领域，强调趣味中心，增加空间层次，明确空间导向。可以通过明暗对比，在一片环境度较低的背景中突出"明框效应"，以吸引人们的视觉注意力，从而强调主要去向；也可以通过照明灯具的指向性，使人们的视线跟踪灯具的走向而达到设计意图所刻意创造的空间。

2）装饰空间艺术。人工光的装饰效果可以通过灯具自身的造型、质感以及灯具的排列组合对空间起到点缀或强化艺术效果的作用。但是，只有当灯具的选择与环境的体量、形状以及用途、性质相协调时，才能更有效地体现出光的装饰表现力。灯饰亮化在现代园林建筑和园林山水环境中扮演着重要的角色。照明灯具的艺术化处理，对建筑物起着锦上添花、画龙点睛的作用，使夜景环境体现各种气氛和情趣，反映建筑物风格。灯饰水平往往体现园林的文化艺术性。人工光的装饰作用除了与照明灯具的造型有关，也与园林空间的形、色合为一体。当灯光照射在湖、滨、水池边的建筑上时，借助于光影效果便将结构或装饰廊柱和古建筑的翘角、宝顶美的韵律揭示出来。如果进一步考虑光色因素，会使这种美的韵律增添神奇的效果。当人工光与小溪、喷泉流水、特别是声控喷泉相结合时，那闪烁万点的碎光、成串跃动的光珠和现代激光炫舞，给园林夜景平添奇丽多姿的滨岸水景艺术效果。

3）渲染空间气氛。夜景照明灯具的造型和灯光色彩用以渲染空间气氛，能够收到非常明显的效果。例如，一排排工艺庭院灯可以使广场、大道显得富丽豪华；一盏盏巷式灯柱使滨岸显得热闹非凡；一颗颗草地灯使绿地连成光珠；露天舞会旋转变幻的灯光会使空间扑朔迷离，富有神秘色彩；而外形简练的新型灯具、LED变彩灯、光纤灯。使人们体验科学技术的进步，感到新颖的明快；灯光投射角适当，会使得景观更加生动耐看；变化灯光的投射方向，有意形成非正常的阴影，则使人们感到气氛奇特，甚至令人惊叹。照明灯具选择不同光源产生色光是取得环境特定情调的有力手段。暖色调表现愉悦、温暖、华丽的气氛；冷色调则表现宁静、高雅、清爽的格调。值得注意的是，形成环境特种气氛的视觉色彩，是光色与光照下环境实体显色效应的总和，因此必须考虑物体环境中基本光源与次级光源（环境实体）的色光相互影响，相互作用的综合效果。例如，绿地彩块、红色植被采用暖光，黄色植被采用偏暖光源，绿色植被选用偏冷光源就会对植物的本色起到渲染效果。如果用荧光灯（冷光源）照明，由于这种光源所发出的青蓝光成分多，就会给鲜艳的暖色蒙上一层灰暗的色调，从而破坏暖色调的广场或室内温暖、华丽的气氛；如果采用白炽灯（暖光源）照明，则可使广场或室内的温暖基调得以加强。

（2）园林照明亮化的施工设计要求。

1）园林公园照明亮化设计的一般要求：① 应根据公园类型（功能）、风格、周边环境和夜间使用状况，确定照度水平和选择照明方式。② 应避免溢散光对行人、周围环境及园林绿地生态的影响。③ 公园公共活动区域的照度标准值应符合表 3-7 中的规定。④ 公园步道的坡道、台阶、高差处，应设置照明设置。⑤ 公园的入口、公共设施、指示标牌，应设置功能照明和标识照明。

公园公共活动区域的照度标准值

表 3-7

区　域	最小平均水平照度 $E_{h, min}$（lx）	最小半柱面照度 $E_{sc, min}$（lx）
人行道、非机动车道	2	2
庭园、平台	5	3
儿童游戏场地	10	4

2）公园中树木照明亮化设计应符合下列要求：① 树木的照明亮化应选择适宜的照射方式和灯具安装位置，应避免长时间的光照和灯具的安装对植物生长产生不利的影响；不应对古树、珍稀名木进行近距离照明。② 应考虑常绿树木和落叶树木的叶状特征、颜色及季节变化因素的影响，确定照度水平和选择光源的色表。③ 应避免在人的观赏角度上产生眩光和对环境产生光污染。

3）公园绿地、花坛照明亮化设计应符合下列要求：① 草坪的照明光线宜自上向下照射，应避免溢散光对人的活动影响和对环境造成的光污染。② 灯具应作为景观元素考虑，并应避免灯具的设置影响景观。③ 花坛宜采用自上向下的照明方式以表现花卉本身；应避免溢散光对观赏及周围环境的影响。④ 公园内观赏性绿地的最低照度不宜低于 2lx。

4）公园水景照明亮化设计应符合下列要求：① 应根据水景的形态及水面的反射作用，选择合适的照明方式。② 喷泉照明的照度应考虑环境亮度以及喷水的形状和高度。③ 水景照明灯具应结合景观要求隐蔽，并兼顾无水时和冬季结冰时的外观效果。④ 光源灯具及其电器附件安置在水中的，必须符合水中使用的防护与安全要求，其安全控制范围，可划分为 0 区、1 区、2 区，危险程度 0 区大于 1 区，1 区大于 2 区，见图 3-10。同时，水景周边应设置功能照明，防止人观景时，意外落水。

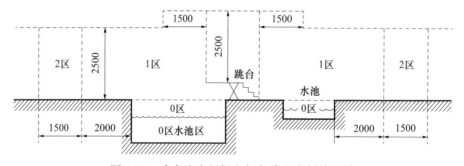

图 3-10　戏水池应根据电气危险程度划分区域

注：0 区—水池内部；

　　1 区—离水池边缘 2m 的垂直面内，其高度为距地面或人能达到的水平面的 2.5m 处，对于跳台或滑槽，该区的范围包括离其边缘 1.5m 的垂直面内，其高度为人能达到的最高水平面的 2.5m 处；

　　2 区—1 区至离 1 区 1.5m 的平行垂直面内，其高度为离地面或人能达到的水平面的 2.5m 处。

（3）植物亮化灯具见表3-8。

植物亮化常用灯具 表3-8

灯具名称	常用规格	适用范围	灯具样式图片
LED 地埋照树灯	功率：6～36W 常用光色：2700K/3000K/RGB	适用于人行道、草坪、广场等场地上乔木、灌木，由下而上的亮化	
LED 照树灯	功率：6～36W 常用光色：2700K/3000K/RGB	适用于乔灌木外部轮廓的亮化	
LED 满天星	常用光色：2700K/3000K/RGB	适用于商业街区、景区游乐场等植物景观亮化	
LED 抱树灯	功率：48～72W 常用光色：2700K/3000K/RGB	适用于城市道路绿化景观、公园园路、庭院景观乔灌木由下而上内部树体亮化	
LED 藤球挂树灯	常用光色：2700K/3000K/RGB	适用于商业街区、景区游乐场等植物景观亮化	

3.8 园林基础设施施工技术

3.8.1 园林基础设施施工技术核心点

1. 园林基础设施施工技术理念

就近接入、尽量地埋、就近处理、综合管线、少用管线。

2. 常见名词

雨水管、污水管、给水管（消防给水管）；变压器（变电箱）、配电箱；有压管、重力管；分流制、三相四线制；综合管沟；电缆线、导线；各类设施控制器等。

3. 园林基础设施施工技术参数

给水管线：水量、水压、水速、管径、雨水井、埋设深度等；雨水管线：汇水量、水速、管径、检查井、埋设深度等；污水管线：汇水量、水速、管径、积水池（泵房）、埋设深度等；供电管线：电功率、电缆截面、电压、电流；高压电、低压电等。

3.8.2 园林基础设施施工流程

复核园林基础设施设计图纸→确定接入处→管道放线、敷设→检查井、电缆井、控制井砌筑→有关设备安装→试水（电）。

【案例 3-9】

图 3-11 为某公园低压配电供电保护系统示意图。

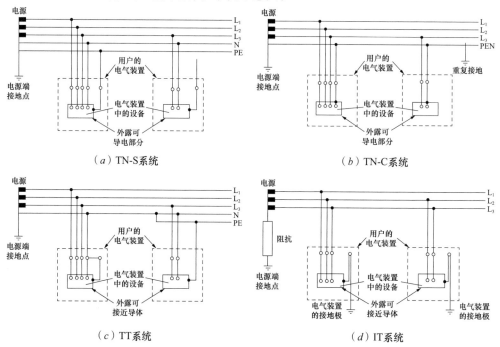

（a）TN-S系统 （b）TN-C系统

（c）TT系统 （d）IT系统

图 3-11　低压配电保护系统

问题：

（1）为保证供电安全，应采用哪种保护方式较为合理？

（2）戏水池、喷泉池等供电线路，是如何保证用电安全的？

分析：

（1）应理解零线、地线等概念的区别。首先最直观的区别就是国内地线一般使用黄绿双色线，而零线使用的是蓝色线，在家庭电路中火线和零线组成一条闭合回路，且是有电流通过的，而地线一般是将设备的外壳接地防止出现漏电而使设备外壳带电，导致触电事故。零线是我国的习惯性说法，国外没有零线的说法。电气中有三种线：L（相线＝火线）、N（中性线，零线）、PE（保护线），其中 L 和 N 是带电的，PE 是不带电导体。从结构上看，零线是从变压器中性点接地后引出主干线；接地线是从变压器中性点接地后引出主干线，根据标准，每间隔 20～30m 重复接地。从原理上看，零线主要用于工作回路，零线所产生的电压等于线阻 × 工作回路的电流；地线不用于工作回路，只作为保护线。利用大地的绝对"0"电压，当设备外壳发生漏电，电流会迅速流入大地。

中性点是否接地，亦称为中性点制度。中性点制度可以大致分为两大类，即中性点接地系统与中性点绝缘系统。而按照国际电工委员会（IEC）的规定，将低压配电系统分为 IT、TT、TN 三种，其中 TN 系统又分为 TN-C、TN-S、TN-C-S 三类。

《公园设计规范》GB 51192—2016 中规定：公园配电系统接地形式应采用 TT 系统或 TN-S 系统。

（2）一般室外场地不具备等电位（LEB）联结条件，但是对于游泳池、戏水池、喷水池，场地有限并且为混凝土结构，做局部等电位联结既必要又方便，可以大大提高安全程度。

3.9　园林工程常见机械与设备

使用现代园林机械设备与传统简易的手工工具是顺利开展园林绿化工作的保证。由于园林工程工作项目内容繁多，工作对象条件差异也很大，所用园林工程机械种类也各不相同。科学合理使用园林机械，可以大大提高工作效率和园林工程质量。

3.9.1　园林工程机械与设备的分类

1. 按机械的功能分类

（1）园林工程机械：包括土方工程机械、压实机械、混凝土机械、起重机械、抽水机械等。

（2）种植养护工程机械：包括种植机械、整形修剪机械、浇灌机械、病虫害防治机械、整地机械等。

2. 按与动力配套的方式分类

（1）人力式机械：是以人力作为动力的机械，如手推式剪草机、手摇式撒播机、手动喷雾器、手推草坪滚。

（2）机动式机械：是以内燃机、电动机等作为动力的机械，包括便携式、拖拉机挂接式、自行式和手扶式等。

3.9.2　园林工程机械与设备的组成

园林工程机械种类繁多，其结构、性能、用途各异。但不论什么类型的机械，通常都由动力机、传动、执行（工作）装置三部分组成，能在控制系统下实现确定运动，完成特定作业。行走式机械还有行走装置和制动装置等。

1. 动力机

动力机是机器工作的动力部分，其作用是把各种形态的能转变成机械能，使机械生产运动和做功，如电动机和内燃机等。

目前，我国城市园林工程由于面积、环境所限，较多采用机动灵活的小型内燃机为园林机械的动力机。

2. 传动

传动是把动力机生产的机械能传送到执行（工作）机构上去的中间装置，也就是说把动力机生产的运动和动力传递到工作机构。

3. 执行（工作）装置

工作装置是指机器上完成不同作业的装置。工作装置所需能量是由动力装置产生并经过传动系统传递的机械能。因为园林工程机器品种、型号很多，完成作业也不一样，因此，工作装置也是多种多样的。如机械式、气力式和液力式等。

3.9.3　园林绿化作业的手工工具

园林绿化作业的对象除了各种类型工程机械外，还有一部分传统手工工具。对植物的栽培和养护要求各不相同。根据功能不同，园林绿化手工工具可分为镢、镐、铁锹、锄、耙、铲、锯、剪、刀等。我国地域广阔，各地的园林绿化手工工具的名称、形状，甚至组成部件和材料各不相同。常见的手工工具有：

（1）镢：有长木把，木把在头部的一侧，头部为较宽的铁制器具，是刨较松软的土以及掘土、翻耕的农具。

（2）镐：有长木把，木把安装在头部中间且与头部垂直，头部似圆柱形的铁制器具，头部一端为尖头，一端为扁头，是用来刨较坚硬的土或石头的农具。

（3）铁锹：有长木把，用熟铁或钢打成片状，前一半略成圆弧形而稍尖，也有的是平头而侧上翘，是一种翻土或铲起砂灰的农具。

（4）锄：有长木把，头部是一种弯形而薄的铁制器具，弯形的末端较宽，是用来松表层土和除草的农具。

（5）耙：有长木把，头部似梳子一类的铁制器具，是用来碎土或将土地弄平整的农具。使用耙可把耕过的土地中的大土块弄碎、弄平和整平圃地及整畦。

（6）铲：有长木把，似平板或窄簸箕的铁制用具。按其在绿化中作用不同，可分为起树铲、苗圃铲等。起树铲主要是起挖树木时裁断侧根，修整土球，也可用作起草皮和开沟用。

（7）锯：具有许多尖齿的薄钢片是其主要部分，可用来锯断树干或枝条。绿化中常用的是手锯、高枝锯、折叠锯等。手锯主要用于锯断比较粗而剪枝剪无法剪断的枝条。高枝锯可安装长柄，可锯断高部位的枝条。

（8）剪：绞断枝条等的铁制器具，有交错的两刃，通过开合将枝条剪断。园林绿化中常用的是剪枝剪、绿篱剪、高枝剪等。剪枝剪用于小型树木、盆栽、花卉的整形修剪；绿篱剪用于绿篱修剪，规则式植物造型的嫩枝修剪；高枝剪可安装长柄，可与高枝锯合制成一件工具，用于树木高部位枝条的修剪。

（9）刀：园林绿化中常使用的是嫁接刀，可分为枝接刀和芽接刀，主要用于苗木、花卉嫁接繁殖使用。枝接刀用于木质化较高的枝接，芽接刀用于嫩枝或芽接以及草花的嫁接。芽接刀比枝接刀刀片较薄，不易挤伤嫩枝的植物组织。另外，一般芽接刀刀柄的后部安装有角质片，用于芽接时撬开树木切口的韧皮部。

以上这些手工工具都比较锋利，工作使用时要注意安全，应掌握这些工具的安装和保养，以提高效率。

常见的园林工程机械如表3-9所示。

常见园林绿化工程机械示意 表3-9

园林机械名称	园林机械性能与适用范围	实物照片
挖掘机	中小型，适用于种植区域土方平整与地形塑造	

园林机械名称	园林机械性能与适用范围	实物照片
开沟机	中小型，适用于绿篱种植开沟等多种用途	
种植（移植）大树吊机	适用于吊种大树	
园林树枝粉碎机	移动式，柴油动力，可以粉碎园林枯枝、树叶等	
园林树叶吸尘机	移动式，适用园林绿地树叶、垃圾的清洁	
景观水面割草机	移动式，适用在景观水面的保洁，清除水面水草等	
植保打药无人机	能够降低生产成本，大限度地减少了工作人员接触农药的时间，从而可以保证工作人员的生命安全	
水雾、烟雾消毒两用机	移动式，适用于苗圃地、绿地消毒灭杀	
打药机	移动式，适用于绿地消毒灭杀	
除害除虫机，喷雾加湿除尘降温风机	移动式，适用于城市道路、园路的消毒灭杀，具有降温除尘等多用途	

园林机械名称	园林机械性能与适用范围	实物照片
绿化洒水车	适用于绿地植物浇灌	
手推式剪草机	手推式，参数：切割高度：10~80mm；速度：1.84~3.88km/h	
草坪移植切割机	适用于苗圃、草坪地分块	
绿篱修剪机	可以车载移动，适用于城市道路、高速公路等大面积绿篱的修剪，修剪高度可调节	
全自动乔灌木修球机	适用于人工精致造型修剪等	
电动绿篱修剪机	适用于人工精致造型修剪等	
手动修枝剪	适用于人工精致造型修剪等	
充电式高枝剪（锯）	适用于乔灌木整形修剪	

园林机械名称	园林机械性能与适用范围	实物照片
栽树挖穴机	适用于乔灌木种植挖穴	
挖树机（带土球）	适用于苗圃起大树、移植大苗木等	
多功能汽油镐移树机 小型起树机挖树机	移动手持式，适用于苗圃起苗、移苗	
喷灌设备	适用于绿地草坪、绿篱等自动化控制浇灌	

【案例 3-10】

某园林公司接受一项园林改造工程项目，现场需要移植掉长势衰败的大树若干株，修剪大树若干株。园林公司针对所接受的项目，进行了施工方案的制定工作。

问题：

（1）大树移植是高风险的施工操作，在操作过程中，对所使用的起重吊机操作有哪些要求？

（2）大树修剪，常采用哪些园林机械设备与装备？

分析：

（1）起重吊装机械操作要求：

1）吊装作业施工所使用的起重吊装机械设备必须经有关部门年审合格，并按照产品的出厂使用说明书规定的技术性能，承载能力和使用条件正确操作，合理使用。严禁超载作业和任意扩大使用范围。

2）起重吊装机械所使用的吊钩、吊具、钢丝绳及吊装绑扎用的索具、绳索应符合要求，其强度应符合满足起吊物体重量的安全要求，并按规定检验合格。

3）遵守起重机械安全使用技术规程和现场安全规章制度。操作人员应熟悉作业环境和施工条件，听从专人指挥；根据大树栽植位置及现场作业环境选择吊车位置；大树起吊前在树的上端系拉绳，以使在起吊后调整控制树形姿态及朝向，防止晃动；正式起吊前应进行试吊。

4）在大树起吊时，对大树吊点位置进行保护，防止勒伤树皮。具体做法为在大树上用草绳缠绕 2 圈，外面再用多个竹片或木条进行包裹。起吊时采用吊带进行捆绑吊装，防止损坏大树表皮。吊点位置选择在平衡点捎上位置，使得大树在完全起吊后能够竖直。

5）在吊装未作可靠固定，大树未回填种植固定之前，起重机应保持悬挂工作状态，严禁提前卸除起吊索具。

（2）大树修剪常用的机械设备与装备有：高空作业车、各类型梯子、电锯、高枝剪等。此外，还包括安全帽、工作服、手套、绝缘鞋、安全绳（带）等。

3.10　园林建筑工程技艺应用

3.10.1　园林建筑工程技艺概述

园林建筑从分类来说，是民用建筑类型之一，但由于长在"园林"中，故而具有自身的特色，主要表现在：

（1）占地面积较小，建筑自身体量一般也不大，但建筑风格独特。

（2）与园林其他元素共同构成园林风景，并不强调自身的"高、大、尚"。

（3）园林建筑以满足人们观景、休闲活动为主要目的，类型多样。

我国的园林建筑从发展历程看，主要有中国古代传统园林建筑、近代园林建筑、现代园林仿古建筑以及现代园林建筑等不同发展阶段。

园林建筑工程项目可以细分为园林建筑土建工程项目、园林建筑装修工程项目、园林古建项目（含修复）、园林建筑配套工程项目、园林建筑装饰工程项目等。

3.10.2　中国古代传统园林建筑施工技艺

1. 中国古代传统园林建筑施工技艺核心点

（1）中国古代传统园林建筑建造理念：萃取中国古建筑精华，因地制宜，布局自由，高低错落，巧于互借，树木掩映；建筑形式变化多样，有亭、廊、水榭、厅堂轩馆、宫殿等；建筑材料以木材、砖瓦为主，以独特的木结构形成起折变化的屋顶，以及斗拱、柱、台（基座）等建筑结构。

（2）建筑装修、装饰巧妙，形成独特的中国古建筑文化符号，影响巨大。

（3）以宋朝李诚修编写的《营造法式》和清朝颁布的工部《工程做法则例》为典范，详细论述了建筑设计、施工过程中的设计、施工、估工、算料各环节。

（4）对于文物级别的园林古建，施工工艺应尽量采用"原汁原味"的技艺与方法。

2. 中国古代传统园林建筑施工流程

选址、放线→砌筑基础（埋设柱础）→放木料、立柱、支框架→上横梁、支框架→筑屋架、屋面→砌隔墙、立隔断等→建筑装修（门窗、屋顶起翘、柱、屋脊、斗拱等）→建筑配套工程（地面、设施）→建筑装饰（油漆、绘画、陈设、植物等）。

3.10.3　现代园林仿古建筑施工技艺

1. 现代园林仿古建筑施工技艺核心点

（1）现代园林仿古建筑建造理念：萃取中国古代园林建筑精华，以现代建筑材料和方法来表现传统建筑形式；

（2）施工工艺贵在精细，神韵上做到"像"；

（3）充分利用现代材料的优势，巧于简化做法，创造建筑的新构造。

2. 现代园林仿古建筑施工流程

选址、放线→基础→框架结构（或砖混结构）为主→屋顶、屋面（用钢筋混凝土（网）仿古形式为主、树脂瓦等）→装修、装饰（用现代材料仿古形式为主，仿斗拱、雀替、起翘等）。

3.10.4　现代园林建筑施工技艺

1. 现代园林建筑施工技艺核心点

（1）现代园林建筑建造理念：继承和弘扬中国传统园林建筑的特色理念和表达方式，积极吸取先进的园林建筑新理念，崇尚自然、勇于创新，符合现代人的审美，创造出更多更好的新中式、现代中式等风格。

（2）绿色建筑、可循环利用建筑以及新材料应用。

2. 现代园林建筑施工流程

以廊架为例：施工图纸复核→材料准备→现场定位放线→基础开挖、施工→预埋地下管线→主体廊架结构施工（立柱、梁板、顶棚）→主体结构预埋管线→主体面层施工→装饰构件施工→验收。

【案例3-11】

某寺庙景区建设一座仿古式大殿，如图3-12所示。请写出施工方案的步骤与内容。

（a）仿古大殿内部框架施工

（b）仿古大殿建筑回廊施工

（c）仿古大殿屋面层保养

（d）完工后大殿全貌

图3-12　某仿古大殿

分析：

根据图示，该古建为景区寺庙建筑。其施工方案的步骤与内容如下：

（1）建造场地。按建筑施工现场布置规定，进行施工现场的围挡，施工场地应设有工程概况的说明标牌等；合理布局施工现场，方便运输建筑材料，场地根据建造施工程序要求，放置不同砖瓦，石子和黄砂，水泥多采用水泥灰罐；木材加工制作要求在工棚内，防止下雨影响加工制作质量；按照国家对现场施工安全防火的要求，设防水蓄水池和消防黄砂，并备有消防灭火器等。

（2）基础施工。传统寺院的建筑基础基坑采用三合土，三合土是碎砖碎瓦或碎石与石灰浆回填夯实。另外也可采用条石做建筑基础，在软地层区域先采用杉木桩，布置成梅花形，夯进软地层后上面铺条石做建筑基础。现在都改为钢筋混凝土基础，一般山门和天王殿采用钢筋混凝土独立基础或条形基础；大雄宝殿或藏经楼建筑较高，采用条形基础和筏板基础；对较高的寺院建筑，根据建筑与土层要求可以建成箱涵基础。

（3）建筑台基。台基是由建筑风格和规制等级而确定，台基墙壁为挡土墙由块石砌成，现多为砖混结构，外饰石片。从规制要求，多做成须弥座式。入口为台阶踏步，常见主殿台阶为九级、十八级，以九的倍数而定。一般的寺院建筑都有各自的台基立于寺院地面上，中轴殿上的台基最高，次为侧殿，再次最矮的是门和走廊。

（4）建筑墙体、屋架。大雄宝殿、菩萨殿、藏经楼建筑规制为殿级别，常见的是歇山顶，正殿前排为廊柱，廊与殿门为檐柱，里面为金柱。大型建筑都是五开间，带檐廊。目前寺院建筑都采用钢筋混凝土构架和现浇钢筋混凝土屋顶架面，应有合理的保养期。寺庙隶属皇家规制，柱与屋顶架梁相连之处都采用斗拱传递重量并装饰，斗拱尺寸大小，是根据建筑规模而定。常用的屋檐下的三种斗拱，有平身科斗拱、柱头科斗拱、角科斗拱。为了保持传统木结构风格，将木质梁柱外形凹刻线条等都仿制出。很多屋顶檐椽、飞椽都采用现浇混凝土代替，做到以假乱真的地步。

（5）屋顶面瓦。凡用琉璃瓦或布瓦带吻兽者为大式建筑屋顶，凡用布瓦不带吻兽或小青瓦者为小式屋顶。寺庙建筑屋面常见的是金色琉璃瓦。屋脊见建筑等级，正脊两头叫龙吻或璃吻，现在在施工中多伴为装饰性物件存在。屋顶架面上应有隔离层、防水层、保温层等。琉璃瓦屋面是有筒瓦、板瓦、沟头瓦、滴水瓦、星星瓦等组成。星星瓦是在筒瓦背上和板瓦尾端各加一钉孔，用在每个瓦列中间，用钉加固，以防止每个瓦列滑动。

（6）建筑门窗。寺庙建筑的门窗，一般都是木制而成，常称为长窗、地坪窗、半窗以及合窗、风窗等。长窗：通长落地，装于上槛与下槛之间；风窗：设置在正间居中长窗前，依照两扇窗的阔度另外架置独立边栿做窗樘，上口配一横披窗，其下再配一樘平开单扇外长窗，单面开关起通风作用，称为风窗。长窗棂格花式包括：宫式、葵式、回纹万字式、龟纹六角式、海棠式、金线如意式等。

（7）建筑彩绘上色等装饰。传统建筑彩绘分为皇家彩绘与民间彩绘。明、清官式彩画主要有和玺彩画、旋子彩画和苏式彩画。寺院建筑彩绘根据供拜菩萨而专程绘制，按不同的和玺品种装饰建筑有严明的等级制度。龙和玺为第一等，只适于皇帝登基、理政、居住殿宇及重要坛庙；其中的龙草和玺适于皇宫的重要宫门及主轴线上的配殿及重要的寺庙殿堂，梵纹龙和玺仅适于藏传佛教庙宇的主要建筑。和玺彩画工艺流程：丈量→配纸→起谱子→扎谱子→磨生过水→分中→拍谱子→摊找活→号色→沥粉→刷色→包胶→打金胶贴金→拉晕色→拉大粉→攒退活→切活→拉黑绿→压黑老→做雀替→打点活。

（8）建筑"三雕"装饰。"三雕"为石雕、砖雕和木雕：石雕为石活，常见有青石和花岗岩两大类，主要用于建筑的台阶、露台石栏杆，如坤石、磉石、柱础、包鼓石等；砖雕工艺有多种，最常用的有灰雕和砖雕，主要用在建筑的屋顶脊上，如鱼龙吻、重脊金刚、大脊望兽等；木雕为木活，常见于门窗，建筑细部装饰、梁头、梁身、枋尾扁作雕花、轩顶装饰、花篮头、蜂头、山雾云、抱梁云、夹堂垫板雕花、雀替、挂落、驼峰、斗拱、戗头、垫拱板、枫拱等木雕件。

（9）建筑消防系统和防雷接地。寺庙建筑属公共建筑，根据国家建筑验收标准，必须将所有建筑安装灭火喷淋系统和户内外消防栓、消防水池和消防泵房。藏经楼和佛殿配有消防灭火器和消防灭火提示牌。在两层建筑高的屋顶上须安装防雷接闪带，在周边的大树上须设防避雷针，周边金属灯杆和金属构架上安装等电位联结，确保寺庙建筑防雷安全。

【案例 3-12】

某公园在临水处建设了一座有现代感的凉亭，如图 3-13 所示，请简要写出施工步骤与内容。

（a）凉亭全貌　　　　　　　　　　（b）凉亭顶面

图 3-13　凉亭

分析：

根据施工图纸，确定施工方案：

（1）现场落实。图纸与现场进行定位落实，同时对周边环境中的园路、广场、水岸、假山、绿化等进行综合分析，提出钢木亭空间与周边景观是否存在不合理的问题等。

（2）采购材料。图纸与现场确定，没有问题后按图纸备料，备料要求根据图纸的材料标准到建材市场进行选购。钢型材要求为热镀锌，其他固定体都应该是防腐处理；木材要求为防腐木，木材要求选购年限老的硬质针叶木料。

（3）制作加工。现在景观设计钢木亭的工艺水准都较高，现场工艺难易达到设计标准，常规要求后场定制。金属板、造型板裁剪都采用等离子切割工艺，焊接要求高频焊或自动焊接，要求技术人员进行工艺与安装设计。按工艺要求进行施工落实；木结构要求机械加工，提高效率和工艺质量，应在组装前进行防腐处理，做到木结构的内部防腐到位。

（4）运输组装。构件运输前需进行分类组装，然后运输，现场组装；也可以将局部物件组装成整体，现场进行整体安装。

（5）放线、开挖基坑。根据场地按图放线，开挖基坑，基坑开挖后如需回填土，需根据图纸结构说明进行回填配比材料，并夯实到密度符合设计标准。注意标高、排水以及地下原有管线情况。

（6）基础浇筑。常规基础有两种，一种是杯口基础，套柱固定；另一种为独立基础钢夹板螺栓固定。要求根据图纸设计形式进行施工。

（7）构件运输。运输中对吊装的设备和工具要选好，不能因吊装损伤钢木组件任何部件。

（8）现场安装。根据设计图要求对现场进行安装工艺的步骤设计，要求先固定柱子和主骨连梁，再装周边配件。如图 3-13 所示，其主要为钢构架挂板技术，应校正整体后再收紧固定。钢木亭顶部设计夹胶钢化玻璃，在安装前，需精确测量尺寸后厂家定制；安装时，其顶部的夹胶钢化玻璃结构须放坡。

（9）竣工验收。在验收前要求对整体进行检查，发现漏漆或损伤处，进行弥补修理，对钢木亭的铺装是否排水合理进行分析，要求甲方或监理方验收一次通过。

第4章 园林绿化工程项目管理实务

4.1 园林绿化工程现场管理

施工现场是从事园林施工活动的场地，施工现场管理是针对施工现场进行科学安排、合理使用，并使之与环境保持协调关系。

施工现场管理的目的是"规范场容、文明施工、安全有序、整洁卫生、不扰民、不损害公共利益"。

4.1.1 现场文明施工管理

4.1.1.1 现场文明施工管理内容及要求

园林绿化工程现场文明施工管理内容及要求如表 4-1 所示。

现场文明施工管理内容及要求 表 4-1

项目	内 容
管理内容	（1）规范场容、场貌，保持作业环境整洁卫生； （2）创造文明有序和安全生产的条件和氛围； （3）减少施工过程对居民和环境的不利影响； （4）树立绿色施工理念，落实项目文化建设
管理要求	（1）施工现场应当做到围挡、大门、标牌标准化、材料码放整齐化（按照现场平面布置图确定的位置集中、整齐码放）、生活设施整洁化、安全设施规范化、职工行为文明化、工作生活秩序化。 （2）施工现场要做到工完场清、现场不扬尘、运输无遗撒、垃圾不乱弃、施工不扰民，努力营造良好的施工作业环境

4.1.1.2 现场文明施工管理要点

（1）现场必须实施封闭管理，出入口应设置大门和保安值班室，场地四周必须连续设置封闭围挡。一般路段的围挡高度不得低于 1.8m，市区主要路段的围挡高度不得低于 2.5m。建立完善的保安值班管理制度，非施工人员严禁任意进出。施工现场出入口还应设置车辆冲洗设施。

（2）现场大门或门头应设置企业名称和企业标识；出入口应设置"五牌一图"，即：工程概况牌、管理人员名单及监督电话牌、安全生产牌、文明施工和环境保护牌、消防保卫牌及施工现场总平面图。

（3）项目经理应根据施工条件，按照施工总平面图、施工方案和施工进度计划的要求，进行所负责区域的施工平面图的规划、设计、布置、使用和管理。

（4）现场的主要机械设备、围挡、脚手架、模具、施工临时道路、各种管线、施工材料制品堆及仓库、土方及建筑垃圾堆放区、消防栓、警卫室、变配电间、现场的办公、生产和临时设施等的布置与搭设，均应符合施工平面图及相关规定的要求。

（5）现场的临时用房应符合安全、消防要求和国家有关规定。

（6）现场应设置办公室、宿舍、食堂、厕所、淋浴间、开水房、文体活动室、密闭式垃圾站或容器（垃圾分类存放）及盥洗设施等临时设施，所用建筑材料应符合环保、消防要求。

（7）现场的施工区域应与办公、生活区划分清晰，并应采取相应的隔离防护措施，在建工程内严禁住人。宿舍必须设置可开启式外窗，床铺不得超过 2 层，通道宽度不得小于 0.9m。宿舍室内净高不得小于 2.5m，住宿人员人均面积不得小于 2.5m²，且每间宿舍居住人员不得超过 16 人。

（8）现场应设置畅通的排水沟渠系统，场地道路应干燥坚实，泥浆和污水未经处理不得直接排放。施工场地应硬化处理，有条件时可对施工现场进行绿化布置。

（9）现场应建立防火制度和火灾应急响应机制，落实防火措施，配备防火器材。明火作业应严格执行动火审批手续和动火监护制度。

（10）施工现场应按要求设置消防通道，并保持其畅通。

（11）现场应设宣传栏、报刊栏，悬挂安全标语和安全警示标志牌，加强安全文明施工宣传。

（12）施工现场应加强治安综合治理、社区服务和保健急救工作，建立和落实好现场治安保卫、施工环保、卫生防疫等制度，避免失盗、扰民和传染病等事件发生。夜间施工前，必须经相关机构批准之后方可进行施工；施工现场严禁焚烧各类废弃物；施工现场应制定防噪声、防粉尘、防光污染等措施，避免扰民。

4.1.2　现场环境保护管理

4.1.2.1　施工现场常见的重要环境影响因素

施工现场常见的重要环境影响因素如下：

（1）现场油品、化学品库房、作业点产生的油品、化学品泄漏。

（2）现场渣土、商品混凝土、建筑垃圾、生活垃圾、原材料运输等过程中产生的遗撒。

（3）施工场地平整作业，土、灰、砂、石搬运及存放，混凝土搅拌作业等产生的粉尘排放。

（4）施工机械作业，模板支拆、清理与修复作业，脚手架安装与拆除作业等产生的噪声排放。

（5）现场废弃的涂料桶、油桶、油手套，机械维修保养废液、废渣等产生的有毒有害废弃物排放。

（6）城区施工现场夜间照明造成的光污染。

（7）现场生活区、库房、作业点等处发生的火灾、爆炸。

（8）现场搅拌站、洗车点、食堂、厕所等处产生的生活、生产污水排放。

（9）现场消耗的钢材、木材等材料以及水、电等能源。

4.1.2.2　施工现场环境保护实施要点

（1）施工现场必须建立环境保护、环境卫生管理和检查制度。对施工现场作业人员的教育培训和考核应包括环境卫生、环境保护、绿色施工等有关法律、法规和政策的内容。

（2）城区范围内的建筑工程，必须在其开工前 7 日内向工程所在地县级以上地方人民政府环境保护管理部门申报登记。施工期间的噪声排放应符合标准；夜间施工的（一般指当日 22 时至次日 6 时，特殊地区可由当地政府部分另行规定）需办理夜间施工许可证明，并告知附近社区居民。

（3）施工现场污水排放要与所在地县级以上人民政府市政管理部门签署污水排放许可协

议，申领《临时排水许可证》。雨水排入市政雨水管网，污水经沉淀处理后二次使用或排入市政污水管网。现场产生的泥浆、污水未经处理不得直接排入城市排水设施、河流、湖泊、池塘。

（4）现场产生的固体废弃物应向所在地县级以上地方人民政府环卫部门申报登记，分类存放。建筑垃圾和生活垃圾应与所在地垃圾消纳中心签署环保协议，及时清运处置。有毒有害废弃物应运送到专门的有毒有害废弃物中心消纳。

（5）现场的主要道路必须进行硬化处理，土方应集中堆放。对裸露的场地和集中堆放的土方采取覆盖、固化或绿化等措施，现场土方作业应采取防止扬尘措施。

（6）拆除建（构）筑物时，应采用隔离、洒水等措施，在规定期限内将废弃物清理完毕。必须采用相应的容器倒运建筑物内施工垃圾，严禁凌空抛掷。

（7）现场使用的水泥和其他易飞扬的细颗粒建筑材料应密闭存放或采取覆盖等措施。混凝土搅拌场所应采取封闭、降尘措施。

（8）施工现场内严禁焚烧各类废弃物，禁止将有毒有害废弃物作土方回填，有符合环保要求的设施除外。

（9）在居民和单位密集区域进行爆破、打桩等施工作业前，施工单位除按规定报告申请批准外，还应通报作业计划、影响范围、程度等有关情况，取得周边居民和单位的协作和配合。对于施工机械噪声与振动扰民，应采取相应的降噪减振控制措施。

（10）施工时发现文物、爆炸物以及不明管线电缆等，应当停止施工，保护好现场，及时向有关部门报告，按照有关规定处理后方可继续施工。

（11）食堂应设置隔油池并及时清理；厕所的化粪池应采取抗渗措施。

【案例4-1】

某企业承建一城市中心绿地建设项目，建设单位与施工单位签订了施工合同，合同约定项目施工创省级安全文明工地。检查组对工地进行了检查，发现施工现场入口设置了企业标识牌、工程概况牌，检查组认为制度牌设置不完整，要求补充；工人宿舍室内净高2.3m，封闭式窗户，每个房间住20人，检查组认为不符合相关要求，对此下发了整改通知单。另外还发现土方施工阶段，由于场内堆置土方，施工行车道及土方外运行驶造成的扬尘对附近居民产生严重影响，引起大量投诉。

问题：

（1）施工现场入口还应设置哪些标牌？

（2）该工地宿舍布置有哪些不妥之处？正确如何布置？

（3）施工现场应如何控制扬尘？

分析：

（1）根据现场文明施工管理的要求，除了大门或门头应设置企业名称和企业标识外，出入口还应设置明显的"五牌一图"，即：工程概况牌、管理人员名单及监督电话牌、安全生产牌、文明施工和环境保护牌、消防保卫牌及施工现场总平面图。

（2）宿舍净高、窗户、人数均不符合要求，施工现场宿舍必须设置可开启式外窗，床铺不得超过2层，通道宽度不得小于0.9m。宿舍室内净高不得小于2.5m，住宿人员人均面积不得小于2.5m²，且每间宿舍居住人员不得超过16人。

（3）施工现场应全封闭围挡施工，现场道路硬化处理，施工材料集中堆放以及裸露地面完全覆盖，安装施工扬尘检测系统，安装抑尘降尘设备等。

4.1.3　现场消防管理

4.1.3.1　施工现场消防的一般规定

（1）施工现场的消防安全工作应以"预防为主、防消结合、综合治理"为方针，认真落实防火安全责任制。

（2）施工组织设计必须包含防火安全措施内容，采用的施工工艺、技术和材料必须符合防火安全要求。

（3）施工现场必须设置明显的防火宣传标志和临时消防车道。

（4）施工现场应明确划分固定动火区和禁火区，现场动火区必须严格履行动火审批程序，并采取可靠的防火安全措施。

（5）施工现场材料的存放、使用应符合防火要求，易燃易爆物品应专库储存，并采取严格的防火措施。

（6）施工现场使用的电气设备必须符合防火要求，临时用电系统必须安装过载保护装置。

（7）施工现场使用的防尘网、安全网、保温材料等必须符合防火要求，不得使用易燃、可燃材料。

（8）施工现场严禁工程明火保温施工。

（9）生活区的设置必须符合防火要求，宿舍内严禁明火取暖。

（10）施工现场食堂用火必须符合防火要求，火点和燃料源不能置于同一房间。

（11）施工现场应配备足够的消防器材，并应指派专人进行日常维护和管理，以确保消防设施和器材的完整性和有效性。

（12）应认真识别和评价施工现场潜在的火灾危险，编制防火安全应急预案，并定期组织演练。

（13）在建工程可将已具备使用条件的永久性消防设施作为临时消防设施。

（14）临时消防系统的给水池、室内消防竖管、消火栓泵及水泵接合器应设置醒目的标识。

（15）施工现场的消火栓泵应采用专用消防配电线路，并保持电力的持续供电。

4.1.3.2　施工现场动火等级的划分

施工现场动火等级划分的具体内容如表 4-2 所示。

动火的分类　　　　　　　　　　　　　　　　表 4-2

项目	内　　容
一级动火	（1）禁火区域内； （2）油箱、油罐、油槽车和储存过可燃气体、易燃液体的容器及与其连接在一起的辅助设备； （3）各种受压设备； （4）危险性较大的登高焊、割作业； （5）比较密封的室内、容器内、地下室等场所； （6）现场堆有大量可燃和易燃物质的场所
二级动火	（1）在具有一定危险因素的非禁火区域内进行临时焊、割等用火作业； （2）小型油箱等容器； （3）登高焊、割等用火作业
三级动火	在非固定的、无明显危险因素的场所进行用火作业

4.1.3.3 施工现场动火审批程序

（1）一级动火作业由项目负责人组织编制防火安全技术方案并填写动火申请表，经企业安全管理部门审查批准后，方可动火。

（2）二级动火作业由项目责任工程师组织拟定防火安全技术措施并填写动火申请表，经项目安全管理部门和项目负责人审查批准后，方可动火。

（3）三级动火作业由所在班组填写动火申请表，经项目责任工程师和项目安全管理部门审查批准后，方可动火。

（4）动火证当日有效，若动火地点发生变化，则需重新办理动火审批手续。

4.1.3.4 施工现场消防车道

（1）施工现场内的临时消防车道与在建工程、临时用房、可燃材料堆场及其加工场的距离，不宜小于 5m，且不宜大于 40m。当施工现场周边道路可以满足消防车通行及灭火救援要求时，施工现场内可不设置临时消防车道。

（2）临时消防车道宜为环形，若设置环形车道确有困难，应在消防车道尽端设置尺寸不小于 12m×12m 的回车场。

（3）临时消防车道的净宽度和净空高度均不应小于 4m。

4.1.3.5 现场消防安全教育、技术交底和安全检查

现场消防安全教育、技术交底和安全检查的具体内容如表 4-3 所示。

现场消防安全教育、技术交底和安全检查 表 4-3

项目	内　　容
现场消防安全教育	施工人员进场前，施工现场的消防安全管理人员应向施工人员进行消防安全教育和培训。消防安全教育和培训应包括下列内容： （1）报火警、接警的程序和方法； （2）扑灭初起火灾及自救逃生的知识和技能； （3）施工现场临时消防设施的性能及使用、维护方法； （4）施工现场消防安全管理制度、防火技术方案、灭火及应急疏散预案的主要内容
技术交底	施工作业前，施工现场管理人员应向作业人员进行消防安全技术交底。交底内容如下： （1）施工过程中可能发生火灾的部位或环节； （2）施工过程应采取的防火措施及应配备的临时消防设施； （3）初起火灾的扑救方法及注意事项； （4）逃生方法及路线
安全检查	施工过程中，应定期检查施工现场的消防安全。主要检查内容如下： （1）可燃物及易燃易爆危险品的管理是否落实； （2）动火作业的防火措施是否落实； （3）火、电、气的使用是否存在违章操作，电、气焊及保温防水施工是否执行操作规程； （4）临时消防设施是否完好有效； （5）临时消防车道及临时疏散设施是否畅通

【案例 4-2】

某园林项目施工工地位于城市老旧小区中心地带。2016 年 9 月 30 日晚 8 点 20 分左右，工地操作工人在一堆有木方的简易库房中违规动火引发火灾。因库房区没有配备消防器材，火势初起时没有得到及时扑救，造成火势迅速蔓延。项目经理部接到报告后立即组织人员洒水扑救，并同时拨打了 119 火警电话求救。10min 后，当地消防中队的两辆消防车赶到了火

场，但因现场堆放的料具占据了消防通道，短时间内消防车无法靠近起火点，只能靠高压水控制外围火势，30min后，大火最终被扑灭。此次火灾虽未造成人员伤亡，但有3间彩板房和8m³木方被烧毁，直接经济损失达19万余元。

问题：

（1）施工现场消防安全的基本方针是什么？

（2）施工现场在进行平面规划时，是否需要考虑设置消防通道？

（3）施工现场一般临时设施区的消防器材应如何配备？

（4）在现场工地堆放木方的库房动火属于哪一级动火作业？

分析：

（1）施工现场消防安全的基本方针是："预防为主、防消结合、综合治理"。

（2）施工现场在进行平面规划时，应设置消防通道。

（3）一般临时设施区，每100m²配备两个10L的灭火器，大型临时设施总面积超过1200m²的，应备有消防专用的消防桶、消防锹、消防钩、盛水桶（池）、消防砂箱等器材设施。

（4）现场工地堆放木方的库房，属于堆有大量可燃和易燃物质的场所，因此该项目动火属于一级动火作业。

4.1.4　临时用电、用水管理

4.1.4.1　施工现场临时用电管理

（1）现场临时用电的范围包括临时照明用电和临时动力用电。

（2）现场临时用电必须按照《施工现场临时用电安全技术规范》JGJ 46—2005及其他相关要求，根据现场实际情况，编制临时用电施工组织设计或方案，进一步建立相关的管理文件和档案资料。

（3）工程总包单位与分包单位应订立临时用电管理协议，明确双方各自的管理及使用责任。总包单位应按照协议约定及时监督、检查和指导分包单位的用电设施和日常用电管理。

（4）必须使用正规厂家，并经过国家级专业检测机构认证的现场临时用电设施和器材。

（5）电工作业应持有效证件，电工等级应与技术复杂性和工程的难易程度相适应。电工作业由2人以上配合进行，并按规定采取绝缘措施，严禁带电作业和带负荷插拔插头等。

（6）项目部应按规定对临时用电系统和用电情况进行定期和不定期的检查和维护，发现问题应及时整改。

（7）项目部应建立临时用电安全技术档案。

4.1.4.2　施工现场临时用水管理

（1）现场临时用水包括生产用水、生活用水、机械用水和消防用水。

（2）现场临时用水必须根据现场工况编制临时用水方案，建立相关的管理文件和档案资料。

（3）消防用水一般利用城市或建设单位的永久消防设施。若自行设计，消防干管的直径应不小于100mm，消火栓处应昼夜设置明显标志，配备足够的水龙带，周围3m内不准存放物品。

（4）消防供水要保证足够的水源和水压。消防泵应使用专用配电线路，以保证消防供水。

【案例 4-3】

某小区绿化施工现场，加夜班浇筑水池混凝土池壁，民工 A 将混凝土振荡器接好线后就下班了，当混凝土工把混凝土填到模板里后，民工 B 上来拿振荡器，刚拿起振荡器就发出喊叫并倒地不起，附近工人 C 赶紧喊"触电了，快断电源"。另一民工 D 用木棍、铁锹将振荡器电线铲断，民工 B 才脱离电源，送医院经抢救无效死亡。事后调查表明，民工 A 并非专业电工，在振荡器接线时接反零线导致此次事故发生，并且现场开关箱未安装漏电保护器。

问题：

（1）此次事故产生的原因是什么？

（2）项目经理部在现场管理中存在哪些不妥之处？

分析：

本案例中，一方面，工地没有设置专职维修电工，而使用了一位不懂电的民工充当电工，导致振荡器的电源线和工作零线接反了，使外壳带电；另一方面，开关箱中又没有安装漏电保护器。当刘某手拿振荡器时，触电死亡，这是造成事故的直接原因。

工地管理还存在以下不当之处：夜班施工没有安排维修电工值班，工地没有对民工进行安全教育，所以当发生触电事故时，民工不去拉闸断电，而是违章用木把的铁锹将电源线铲断。

4.1.5　安全警示牌布置原则

4.1.5.1　安全警示牌的类型、作用和基本形式

安全警示牌的类型、作用和基本形式如表 4-4 所示。

安全警示牌的类型、作用和基本形式　　　　　　　　　　　　　　表 4-4

类型	作　　用	基本形式
禁止标志	禁止人们不安全行为的图形标志	红色带斜杠的圆边框，图形为黑色，背景为白色
警告标志	提醒人们注意周围环境，避免发生危险的图形标志	黑色正三角形边框，图形为黑色，背景为黄色
指令标志	强制人们必须做出某种动作或采取一定防范措施的图形标志	黑色圆边框，图形为白色，背景为蓝色
提示标志	向人们提供目标所在位置与方向性信息的图形标志	矩形边框，图形文字是白色，背景是所提供的标志，为绿色（消防设施提示标志为红色）

4.1.5.2　安全警示牌的设置原则和使用的基本要求

施工现场安全警示牌的设置原则和使用的基本要求如表 4-5 所示。

施工现场安全警示牌的设置原则和使用的基本要求　　　　　　　表 4-5

项目	内　　容
设置原则	（1）标准：图形、尺寸、色彩、材质应符合标准； （2）安全：设置后其本身不能存在潜在危险，应保证安全； （3）醒目：设置的位置应明显； （4）便利：设置的位置和角度应便于人们观察和捕获信息； （5）协调：同一场所设置的各种标志牌之间应尽量保持其高度、尺寸及与周围环境的协调统一； （6）合理：尽量用适量的安全标志反映必要的安全信息，避免漏设和滥设

续表

项目	内　容
基本要求	（1）现场存在安全风险的重要部位和关键岗位必须设置能提供相应安全信息的安全警示牌； （2）安全警示牌应设置在所涉及的相应危险地点或设备附近的最容易被观察到的地方； （3）安全警示牌应设置在明亮的、光线充分的环境中，若应设置标志牌的位置附近光线较暗，则应考虑增加辅助光源； （4）安全警示牌应固定在依托物上，不能产生倾斜、卷翘、摆动等现象，高度应尽量与人眼的视线高度保持一致； （5）安全警示牌不得设置在门、窗、架等可移动的物体上，并尽量避免警示牌经常被其他临时性物体所遮挡； （6）多个安全警示牌在一起布置时，应按警告、禁止、指令、提示类型的顺序，先左后右、先上后下进行排列，各标志牌之间的距离至少应为标志牌尺寸的 0.2 倍； （7）有触电危险的场所，应采用由绝缘材料制成的安全警示牌； （8）室外露天场所设置的消防安全标志宜选用由反光材料或自发光材料制成的警示牌； （9）对有防火要求的场所，应采用由不燃材料制成的安全警示牌； （10）现场布置的安全警示牌应进行登记造册，并绘制安全警示布置总平面图，按图进行布置，若布置的点位发生变化，应及时更新； （11）未经允许，任何人不得私自进行挪动、移位、拆除或拆换现场布置的安全警示牌； （12）应加强对安全警示牌布置情况的检查，一旦有破损、变形、褪色等情况，应及时进行修整或更换

4.2　园林绿化工程进度控制

4.2.1　影响施工进度计划的因素

影响施工进度计划的因素如表 4-6 所示。

影响施工进度计划的因素　　　　　　　　　　　　　表 4-6

项目	内　容
项目经理部内部因素	（1）施工组织不合理，人力、机械设备调配不当，解决问题不及时； （2）施工技术措施不当或发生事故； （3）质量不合格引起返工； （4）与相关单位关系协调不善； （5）项目经理部管理水平低
相关单位因素	（1）设计图纸供应不及时或有误； （2）业主要求设计变更； （3）实际工程量增减变化； （4）材料供应、运输等不及时或质量、数量、规格不符合要求； （5）水、电、通信等部门，分包单位没有认真履行合同或违约； （6）资金没有按时拨付等
不可预见因素	（1）施工现场水文地质状况比设计合同文件预计的要复杂得多； （2）严重自然灾害； （3）战争、社会动荡等政治因素等

4.2.2　园林绿化工程施工进度计划实施

园林绿化工程施工进度计划实施程序如表 4-7 所示。

园林绿化工程施工进度计划实施程序　　　　表 4-7

项目		内　　容
执行准备	审查进度计划	（1）进度安排是否符合工程项目建设总进度计划中总目标和分目标的要求，是否符合施工合同中开工、竣工日期的规定； （2）施工总进度计划中的项目是否有遗漏，分期施工是否满足分批动用的需要和配套动用的要求； （3）施工顺序的安排是否符合施工工艺的要求； （4）总包、分包单位分别编制的各项单位工程施工进度计划之间是否相协调，专业分工与计划衔接是否明确合理； （5）劳动力、材料、构配件、设备及施工机具、水、电等生产要素的供应计划是否能保证施工进度计划的实现，供应是否均衡，需求高峰期是否有足够能力实现计划供应
	编制施工作业计划	施工作业计划一般可分为月作业计划和旬作业计划。施工作业计划一般应包括以下三个方面内容： （1）明确月（旬）应完成的施工任务，确定其施工进度； （2）根据月（旬）施工任务及其施工进度，编制相应的资源需要量计划； （3）结合月（旬）作业计划的具体实施情况，落实相应的提高劳动生产率和降低成本的措施
施工进度记录及统计表		在计划任务完成的过程中，各级施工进度计划的执行者都要跟踪做好施工记录，记载计划中的每项工作开始日期、工作进度和完成日期
签发施工任务书		施工任务书包括施工任务单、限额领料单、考勤表等。其中施工任务单包括分项工程施工任务、工程量、劳动量、开工及完工日期、工艺、质量和安全要求等内容。限额领料单根据施工任务单编制，是控制班组领用料的依据，其中列明材料名称、规格、型号、单位和数量、退领料记录等
施工调度		（1）落实控制进度措施应具体到执行人、目标、任务、检查方法和考核办法； （2）监督检查施工准备工作、作业计划的实施、协调各方面的进度关系； （3）督促资源供应单位按计划供应劳动力、施工机具、材料构配件、运输车辆等，并对临时出现问题采取解决的调配措施； （4）由于工程变更引起资源需求的数量变更和品种变化时，应及时调整供应计划； （5）按施工平面图管理施工现场，遇到问题做必要的调整，保证文明施工； （6）及时了解气候和水、电供应情况，采取相应的防范和调整保证措施； （7）及时发现和处理施工中各种事故和意外事件； （8）协助分包人解决项目进度控制中的相关问题； （9）定期、及时召开现场调度会议，贯彻项目负责人的决策，发布调度令； （10）当发包人提供的资源供应进度发生变化不能满足施工进度要求时，应敦促发包人执行原计划，并对造成的工期延误及经济损失进行索赔； （11）执行施工合同中对进度、开工及延期开工、暂停施工、工期延误、工程竣工的承诺

4.2.3　园林绿化工程施工进度计划检查

4.2.3.1　园林绿化工程施工进度计划检查程序

园林工程施工进度计划检查程序如表 4-8 所示。

园林工程施工进度计划检查程序　　　　表 4-8

程序	内　　容
对比实际进度与计划进度	将实际的数据与计划的数据进行比较，如将实际的完成量、实际完成的百分比与计划的完成量、计划完成的百分比进行比较
跟踪检查施工实际进度	定期收集反映实际工程进度的有关数据。收集的方式：一是以报表的方式；二是进行现场实地检查

程序	内　容
整理统计检查数据	对收集到的园林工程施工实际进度数据，要进行必要的整理，按计划控制的工作进行统计，形成与计划进度具有可比性的数据、相同的量纲和形象进度
施工进度检查结果处理	按照检查报告制度的规定，形成进度控制报告向有关主管人员和部门汇报

4.2.3.2　园林工程施工进度计划检查报告

施工进度检查报告是把检查比较的结果、有关施工进度现状和发展趋势，提供给项目经理及各级业务职能负责人的最简单的书面形式报告。

园林工程施工进度计划检查报告如表 4-9 所示。

园林工程施工进度计划检查报告　　　　　　　　　　表 4-9

项目	内　容
报告等级	（1）概要级：工程进度报告要将整个工程进展的大概情况以及各种资源的供应情况，对照计划做一个整体的综合报告，对于出现的问题还要提出分析报告和建议报告呈送给项目经理及各职能负责人； （2）管理级：将分类别、分区域的单项工程的日历进度趋势的简要情况和资源供应情况与计划比较后写出报告，供工程管理，各业务部门及工程管理者控制单项工程施工进度时使用； （3）业务管理级：将分类别、分区域的各单位工程的详细进度状况和资源供应状况写出报告，并且根据实际情况对照计划情况写出分析报告并提出具体的技术组织措施，供工程管理者和业务管理部门使用
报告内容	（1）对施工进度执行情况作综合描述：检查期的起止时间、当地气象及晴雨天数统计、计划目标及实际进度、检查期内施工现场主要大事记。 （2）工程实施、管理、进度概况的总说明：施工进度、形象进度及简要说明；施工图纸提供进度；材料、物资、构配件供应进度；劳务记录及预测；日历计划；对建设单位和施工者的工程变更指令、价格调整、索赔及工程款收支情况；停水、停电、事故发生及处理情况；实际进度与计划目标相比较的偏差状况及其原因分析；解决问题措施；计划调整意见等

4.2.4　园林绿化工程施工进度检查比较方法

园林工程施工进度检查比较的常用方法如表 4-10 所示。

园林工程施工进度检查比较常用方法　　　　　　　　　表 4-10

方法	内　容
横道图比较法	将实施过程中检查实际进度收集到的数据，经加工整理后直接用横道线平行绘于原计划的横道线处，进行实际进度与计划进度的比较方法
S 形曲线比较法	以横坐标表示进度时间，纵坐标表示累计完成任务量，而绘制出一条按计划时间累计完成任务量的 S 形曲线，将工程施工的各检查时间实际完成的任务量与 S 形曲线进行实际进度与计划进度相比较的一种方法
香蕉形曲线比较法	在 S 形曲线的基础上，根据网络计划中各个工序最早和最迟开始施工两种方案分别绘制 S 形曲线，两条 S 形曲线开始和结束时间一致，故曲线闭合，形如香蕉，故称香蕉形曲线
前锋线比较法	主要适用于时标网络计划，是从检查时刻的时标点出发，首先连接与其相邻的工作箭线的实际进度点，由此再去连接该箭线相邻工作箭线的实际进度点，依此类推，将检查时刻正在进行工作的点都依次连接起来，组成一条一般为折线的前锋线。按前锋线与箭线交点的位置判定工程实际进度与计划进度的偏差

4.2.5 园林绿化工程施工进度计划调整

4.2.5.1 进度偏差影响分析

进度偏差分析方法如图 4-1 所示。

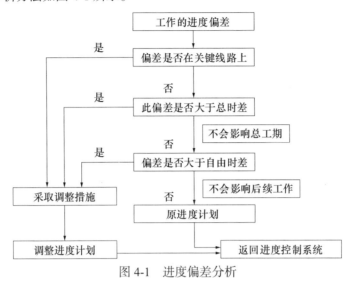

图 4-1 进度偏差分析

4.2.5.2 施工进度计划调整方法

施工进度计划调整方法如表 4-11 所示。

施工进度计划调整方法 表 4-11

方法	内 容
缩短某些工作的持续时间	（1）研究后续各工作持续时间压缩的可能性，及其极限工作持续时间； （2）确定由于计划调整，采取必要措施而引起的各工作的费用变化率； （3）选择直接引起拖期的工作及紧后工作优先压缩，以免拖期影响扩大； （4）选择费用变化率最小的工作优先压缩，以求花费最小代价，满足既定工期要求
改变某些工作间的逻辑关系	当工程施工中产生的进度偏差影响到总工期，且有关工作的逻辑关系允许改变时，可以改变关键线路和超过计划工期的非关键线路上的有关工作之间的逻辑关系，达到缩短工期的目的
资源供应的调整	对于因资源供应发生异常而引起进度计划执行问题，应采用资源优化方法对计划进行调整，或采取应急措施，使其对工期影响最小
起止时间的改变	起止时间的改变应在相应的工作时差范围内进行，如延长或缩短工作的持续时间，或将工作在最早开始时间和最迟完成时间范围内移动。每次调整必须重新计算时间参数，观察该项调整对整个施工计划的影响
增减工程量	增减工程量主要是指改变施工方案、施工方法，从而导致工程量的增加或减少
增减施工内容	增减施工内容应做到不打乱原计划的逻辑关系，只对局部逻辑关系进行调整。在增减施工内容以后，应重新计算时间参数，分析对原网络计划的影响

【案例 4-4】

2017 年 6 月 5 日，某园林绿化工程公司与建设单位签订了某街道小游园的施工承包合同。合同中约定 2017 年 6 月 8 日开始施工，于 2017 年 10 月 28 日竣工。结果绿化公司在 2017 年

11 月 3 日才竣工，建设单位要求绿化工程公司承担违约责任。但是绿化工程公司以施工期间累计下了 10 天雨，属于不可抗力为由请求免除违约责任。

问题：

施工单位申请免除违约责任的理由是否成立？

分析：

下雨要分两种情况：正常的下雨和非正常的下雨。正常的下雨不属于不可抗力，因为每年都会下雨，属于常识，谈不上不能预见，而且对其结果也是可以采取措施减少损失的。非正常的下雨属于不可抗力的，例如多年不遇的洪涝灾害。

案例中施工期间累计下雨 10 天，显然不属于非正常的下雨，不属于不可抗力。

4.3　园林绿化工程质量控制

4.3.1　施工质量管理与施工质量控制

4.3.1.1　施工质量的基本要求

切实加强建设工程施工质量管理，预防和正确处理可能发生的工程质量事故，保证工程质量达到预期目的，是建设工程施工管理的主要任务之一。在工程建设活动中，参与建设的各方依法对建设工程质量负责，施工单位对建设工程的施工质量负责。施工质量的概念、特性及基本要求如表 4-12 所示。

施工质量基础　　　　　　　　　　　　　　　　　　表 4-12

项目	内容
概念	建设工程施工活动及其产品的质量，即通过施工使工程的固有特性满足建设单位（业主或顾客）需求且符合国家法律、行政法规和技术标准、规范的要求，包括在安全、使用功能、耐久性、环境保护等几个方面满足所有的需要和期望的能力的特性总和
特性	（1）适用性； （2）安全性； （3）耐久性； （4）可靠性； （5）经济性； （6）环境的协调性
基本要求	（1）依法施工，施工质量应符合《建筑工程施工质量验收统一标准》GB 50300—2013、《园林绿化工程施工及验收规范》CJJ 82—2012 和相关专业验收规范的规定； （2）按图施工，施工质量应符合工程勘察、设计文件的要求； （3）践约施工，施工质量应符合施工承包合同的约定

4.3.1.2　影响施工质量的主要因素

影响施工质量的主要因素包括人、材料、机械、方法及环境 5 个方面，如表 4-13 所示。

影响施工质量的主要因素分析　　　　　　　　　　　表 4-13

因素	内容
人	指直接参与施工的决策者、管理者和作业者个人的质量意识及质量活动能力对施工质量造成的影响
材料	材料是工程施工的物质基础，材料质量是保证施工质量的重要基础，包括工程材料和施工用料

续表

因素	内　容		
机械	指施工过程中使用的各类机具设备，包括运输设备、操作工具、吊装设备、测量仪器、计量器具以及施工安全设施等		
方法	包括施工技术方案、工法、施工工艺和施工技术措施等		
环境	环境因素对工程质量的影响，具有复杂多变和不确定性的特点	施工现场自然环境	指工程地质、水文、气象条件和周边建筑、地下障碍物以及其他不可抗力对施工质量的影响
		施工质量管理环境	指施工单位质量管理体系、质量管理制度及各参建单位之间的协调
		施工作业环境	指施工现场平面和空间环境条件，施工照明、通风、安全防护设施，施工场地给排水，交通运输道路条件等

4.3.2 施工质量控制的内容和方法

4.3.2.1 施工质量控制的基本环节和一般方法

1. 施工质量控制的基本环节

施工质量控制应贯彻全面、全过程质量管理的思想，运用动态控制原理，按照 PDCA 循环方式，进行质量的事前控制、事中控制、事后控制，在每一次滚动循环中不断提高，达到质量管理和质量控制的持续改进，每个环节的具体内容如表 4-14 所示。

工程施工质量控制基本环节　　　　　　　　　　　表 4-14

质量控制环节	内　容
事前质量控制	（1）通过对施工质量计划的编制，明确质量目标，制定施工方案，设置质量管理点，落实质量责任； （2）对可能导致质量目标偏离的各种影响因素进行分析，并针对这些影响因素制定有效的预防措施
事中质量控制	（1）第一步是对质量活动的行为约束； （2）第二步是对质量活动过程和结果的监督控制； （3）坚持质量标准是事中控制的关键，对工序质量、工作质量和质量控制点的控制是事中控制的重点
事后质量控制	（1）事后质量控制可以阻止不合格的工序或最终产品流入下道工序，进入市场； （2）事后质量控制是对质量活动结果的评价、认定和对质量偏差的纠正； （3）事后质量控制的重点是发现施工质量方面的缺陷，并根据分析提出施工质量改进的措施，保持质量处于受控状态

2. 施工质量控制的依据

施工质量控制的依据包括共同性依据和专门技术法规性依据。

共同性依据是指适用于施工质量管理的有关的、通用的、具有普遍指导意义和必须遵守的基本法规。主要包括：工程建设合同；设计文件，设计交底及图纸会审记录，设计修改和技术变更等；国家和政府有关部门颁布的与质量管理有关的法律和法规性文件。

专门技术法规性依据是指针对不同的行业和不同质量控制对象制定的专业技术规范文件，包括规范、规程、标准、规定等。

105

3. 施工质量控制的一般方法

施工质量控制的一般方法包括质量文件审核和现场质量检查，其具体内容如表 4-15 所示。

表 4-15

施工质量控制的一般方法

项目	内　　容
质量文件审核	审核有关技术文件、报告或报表，包括： （1）施工单位的技术资质证明文件和质量保证体系文件； （2）施工组织设计与施工方案及技术措施； （3）关于材料和半成品及构配件的质量检验报告； （4）关于应用新技术、新工艺、新材料的现场试验及鉴定报告； （5）反映工序质量动态的控制图表或统计资料； （6）设计变更与图纸修改文件； （7）关于工程质量事故的处理方案； （8）相关方面在现场签署的有关文件和技术签证等
现场质量检查	1. 现场质量检查的内容 （1）开工前的检查：主要检查开工条件是否具备，开工后能否连续正常施工，工程质量能否保证； （2）工序交接检查：对工程质量有重大影响的工序或对于重要的工序，应严格执行自检、互检、专检的"三检"制度。未经监理工程师检查认可，不得进行下道工序施工； （3）隐蔽工程的检查：施工中的隐蔽工程必须检查认证后才能进行隐蔽掩盖； （4）停工后复工的检查：由客观因素或处理质量事故等停工复工时，经检查认可后方能复工； （5）分项、分部工程完工后的检查：分项、分部工程完工后通过检查认可，并签署验收记录后，才能进行下一工程项目的施工； （6）成品保护的检查：检查成品是否具有保护措施以及保护措施是否有效可靠。 2. 现场质量检查的方法主要有目测法、实测法和试验法等 （1）目测法：凭借感官进行检查，也称观感质量检验； （2）实测法：是指通过实测，将实测数据与施工规范、质量标准的要求及允许偏差值进行对照，用以判断质量是否符合要求； （3）试验法：是指通过必要的试验手段判断质量的检查方法

4.3.2.2　施工准备的质量控制

施工准备的质量控制包括施工质量控制的准备工作、现场施工准备的质量控制、材料的质量控制和施工机械设备的质量控制 4 个方面的内容，属于施工质量控制的事前控制工作。

1. 施工质量控制的准备工作

施工质量控制的准备工作包括工程项目划分和技术准备的质量控制，其具体内容如表 4-16 所示。

表 4-16

施工质量控制的准备工作

项目	内　　容
工程项目划分	（1）工程项目应逐级划分为单位工程、分部工程、分项工程和检验批。 （2）单位工程的划分原则：① 具备独立施工条件且能形成独立使用功能的建筑物或构筑物为一个单位工程；② 单位工程中建筑规模较大的，可将其能形成独立使用功能的部分划分为多个子单位工程。 （3）分部工程的划分原则：① 分部工程的划分由专业性质、建筑部位确定；② 较大或较复杂的分部工程，由材料种类、施工特点、施工程序、专业系统及类别等划分为多个子分部工程。 （4）分项工程应根据主要工种、材料、施工工艺、设备类别等进行划分。

续表

项目	内　　容
工程项目划分	（5）分项工程可由一个或多个检验批组成，检验批可根据专业验收需要和施工及质量控制按楼层、施工段、变形缝等进行划分。 （6）室外工程可根据专业类别和工程规模划分单位（子单位）工程。一般室外单位工程可划分为室外建筑环境工程和室外安装工程
技术准备的质量控制	技术准备是指在正式进行施工作业活动前进行的技术准备工作。技术准备的质量控制，包括对技术准备工作成果的复核审查，检查这些成果是否错漏，是否符合有关技术规范、规程的要求和对施工质量的保证程度；制订施工质量控制计划，设置质量控制点，明确关键部位的质量管理点等

2. 现场施工准备的质量控制

现场施工准备的质量控制包括工程定位和标高基准的控制，以及施工平面布置的控制。

（1）工程定位和标高基准的控制。

1）施工单位应对建设单位提供的原始坐标点、基准线和水准点等测量控制点进行复核。

2）将复测结果上报监理工程师审核，经批准后施工单位才能建立施工测量控制网，进行工程定位和标高基准的控制。

（2）施工平面布置的控制。

1）建设单位应根据合同约定和施工单位施工的需要，提前划定并提供施工用地和现场临时设施用地的范围。

2）施工单位应合理科学地规划和使用施工场地，保证施工现场的道路畅通、材料的合理堆放、良好的防洪排水能力、充分的给水和供电设施以及正确的机械设备安装布置。

3）制订施工场地质量管理制度，同时做好施工现场的质量检查记录。

3. 材料的质量控制

为了保证工程质量，施工企业在进行材料质量控制时应把好"三关"，即采购订货关、进场检验关、存储和使用关。其中，重点把控进场检验关。

（1）采购订货关。施工单位须制定合理的材料采购供应计划，建立严格的供应方资格审查制度，确保采购订货的质量：

1）材料供货商对钢材、建筑防水材料、电力电缆、水泥、人造板等材料必须提供《生产许可证》。

2）材料供货商对水泥、商品混凝土、建筑涂料、排水管、建筑门窗等材料必须提供《建材备案证明》。

3）材料供货商要对外墙内外保温材料进行建筑节能材料备案登记。

4）材料供货商要对建筑安全玻璃、瓷质砖、混凝土防冻剂、溶剂型木器涂料、电线电缆、断路器、漏电保护器、低压成套开关设备等产品实施强制性产品认证。

5）除上述材料或产品外，材料供货商对其他材料或产品必须提供质量证明书或出厂合格证。

（2）进场检验关。施工单位应对下列材料进行进场抽样检验或试验，合格后方能使用：

1）水泥物理力学性能检验；

2）钢筋力学性能检验；

3）砂、石常规检验；

4）混凝土、砂浆强度检验；

5）混凝土外加剂检验；

6）沥青、沥青混合料检验；

7）防水涂料检验。

（3）存储和使用关。施工单位须加强材料进场后的使用管理和存储，避免材料变质（如水泥的受潮结块、钢筋的锈蚀等）和使用规格、性能不符合要求的材料造成工程质量事故。

4. 施工机械设备的质量控制

（1）机械设备的选型原则是：先进、适用、经济、安全、方便。

（2）主要性能参数指标的确定必须保证质量的要求和满足施工的需要，保证正常的施工，避免安全质量事故。

（3）使用操作要求包括：贯彻"持证上岗"和"人机固定"原则，实行定机、定人、定岗位职责的使用管理制度，严格遵守操作规程和机械设备的技术规定，做好机械设备的例行保养，确保工程施工质量。

4.3.2.3　施工过程的质量控制

施工过程的质量控制是在工程项目质量实际形成过程中的事中控制。施工过程的质量控制内容主要包括技术交底、测量控制、计量控制、工序施工质量控制、特殊过程的质量控制和成品保护的控制等内容。

1. 技术交底

项目开工前应由项目技术负责人向承担施工的负责人或分包人进行书面技术交底，每一分部工程开工前都应进行作业技术交底，技术交底为施工过程质量控制的第一步。技术交底书应由施工项目技术人员编制，经项目技术负责人批准实施。技术交底资料须办理签字手续并归档保存。

技术交底的主要内容包括：任务范围、施工方法、质量标准和验收标准、施工中应注意的问题、预防措施及应急方案、文明施工和安全防护措施以及成品保护要求等。

技术交底的形式包括书面、口头、会议、挂牌、样板、示范操作等。

2. 测量控制

项目开工前应进行测量控制方案的编制，经项目技术负责人批准后实施。对相关部门提供的测量控制点应在施工准备阶段进行复核，经审批后进行施工测量放线，并保存测量记录。

在施工过程中应妥善保护设置的测量控制点线，不准擅自移动。

施工过程中必须认真进行施工测量复核工作，并将其复核结果报送监理工程师复验经确认后，才能进行后续相关工序的施工。

3. 计量控制

计量控制的主要任务：统一计量单位制度，组织量值传递，保证量值统一。

计量工作的主要内容：施工生产时的投料计量、施工测量、监测计量以及对项目、过程或产品的测试、检验、分析计量等。

计量控制的工作重点：① 建立计量管理部门和配置计量人员；② 建立健全计量管理的规章制度；③ 严格按规定有效控制计量器具的使用、保管、检验和维修；④ 监督计量过程的进行，保证准确计量。

4. 工序施工质量控制

对施工过程的质量控制，必须以工序的质量控制为核心和基础，以工序的质量控制为施工阶段质量控制的重点。

工序施工质量控制主要包括工序施工条件质量控制和工序施工效果质量控制，工序施工条件是指从事工序活动的各生产要素质量及生产环境条件：

（1）工序施工条件质量控制是指控制工序活动的各种投入要素质量和环境条件质量。控制的手段主要包括检查、测试、试验、跟踪监督等。控制的依据主要包括设计质量标准、材料质量标准、施工工艺标准以及操作规程、机械设备技术性能标准等。

（2）工序施工效果质量控制属于事后质量控制，控制的主要途径包括实测获取数据、统计分析所获取的数据、判断认定质量等级和纠正质量偏差。

5. 特殊过程的质量控制

特殊过程的质量控制是指该施工过程或工序的施工质量不能或不易通过检验和试验而得到的验证，或者可能发生质量事故后难以挽救的施工过程。

对特殊过程，应设置工序质量控制点，抓住工序施工质量的主要因素。

（1）选择质量控制点的原则。选择质量控制点应以保证质量的难度大、对质量影响大或是发生质量问题时危害大的对象进行设置，具体原则如下：

1）直接影响工程质量形成过程的关键部位、工序或环节及隐蔽工程；

2）施工过程中的薄弱环节，或者质量不稳定的工序、对象或部位；对下道工序有较大影响的上道工序；

3）采用新技术、新工艺和新材料的部位或环节；

4）施工上不确定的、施工条件困难的或技术难度大的工序或环节，用户反馈指出和以前返工过的不良工序。

（2）质量控制点的重点控制对象：

1）人的行为；

2）材料的质量与性能；

3）施工方法与关键操作；

4）施工技术参数；

5）技术间歇；

6）施工顺序；

7）易发生或常见的质量通病；

8）应用新技术、新材料及新工艺；

9）产品质量不稳定和合格率低的工序应作为重点控制；

10）特殊地基或特种结构。

（3）特殊过程质量控制的管理。特殊过程的质量控制除根据一般过程质量控制的规定执行外，还应由专业技术人员对作业指导书进行编制，经项目技术负责人审批后执行，具体措施如下：

1）作业前，施工员、技术员应做好交底和记录，使操作人员在明确工艺标准、质量要求的基础上进行作业。

2）严格依照三级检查制度进行检查控制。

3）在施工中发现质量控制点有异常时，应马上停止施工，并召开分析会，查找原因并采取相应措施予以解决。

6. 成品保护的控制

成品保护的控制就是采取一定措施保护施工中已完成部分不受损伤或污染，以免影响工程的实体质量。对于成品保护的措施一般有防护、包裹、覆盖、封闭等方法。

4.3.3　施工质量验收的规定和方法

工程施工质量验收是施工质量控制的重要环节，应按照《建筑工程施工质量验收统一标准》GB 50300—2013、《园林绿化工程施工及验收规范》CJJ 82—2012 进行。其内容包括施工过程的工程质量验收和施工项目竣工质量验收。

4.3.3.1　施工过程的工程质量验收

施工过程的工程质量验收，是在施工过程中以施工单位自行质量检查评定为基础，由参与建设活动的有关单位共同对检验批、分项、分部、单位工程的质量进行抽样复验，并根据相关标准通过书面形式对工程质量是否合格做出确认，其具体要求如表4-17 所示。

施工过程的工程质量验收规定　　　　　　　　　　表 4-17

项目	内容
检验批质量验收合格规定	（1）主控项目和一般项目的质量经抽检合格； （2）具有完整的施工操作依据和质量检查记录
分项工程质量验收合格规定	（1）分项工程所含的检验批均应符合合格质量的规定； （2）分项工程所含的检验批的质量验收记录完整
分部工程质量验收合格规定	（1）分部工程所含分项工程的质量均应验收合格； （2）质量控制资料应完整； （3）地基基础、主体结构和设备安装等分部工程有关安全、节能、环境保护及使用功能的检验和抽检结果符合有关规定； （4）观感质量验收符合要求
单位（子单位）工程质量验收合格规定	（1）单位工程所含分部工程的质量均应验收合格； （2）质量控制资料应完整； （3）单位工程所含分部工程有关安全、节能、环境保护和使用功能的检测资料应完整； （4）主要功能项目的抽查结果应符合相关专业质量验收规范的规定； （5）观感质量验收应符合要求
工程质量不符合要求的处理办法	对质量不符合要求的处理分以下4 种情况： （1）在检验批验收时，无法满足验收规范主控项目或一般项目超过偏差限值的子项：① 严重的缺陷应推倒重来；② 一般的缺陷应翻修后重新验收。若符合相应的专业工程质量验收规范，则该检验批合格。 （2）不满足强度要求的个别检验批：① 当很难确定可否验收时，应请具有法定资质的检测单位检测鉴定；② 当鉴定结果可以达到设计要求时，则该检验批通过验收。 （3）达不到设计要求，但能满足结构安全和使用功能。经原设计单位核算，仍能满足结构安全和使用功能则该检验批可以验收。 （4）更严重的缺陷或者超过检验批的更大范围内的缺陷，可能影响结构的安全性和使用功能，若经法定检测单位检测鉴定后无法达到规范标准的相应要求，不能满足最低限度的安全储备和使用功能，则必须按一定的技术方案做加固处理，使其满足安全使用的基本要求。在不影响安全和主要使用功能的前提下可按处理技术方案和协商文件进行验收，责任方应承担经济责任
返修或加固工程	通过返修或加固处理仍无法满足安全使用要求的分部工程、单位（子单位）工程，严禁验收

4.3.3.2　施工项目竣工质量验收

施工项目竣工质量验收是施工质量验收的最后一个环节，未经验收或验收不合格的工程，不得交付使用。

1．施工项目竣工质量验收的依据

（1）上级主管部门的有关工程竣工验收的规定和文件；

（2）国家和有关部门颁发的施工和验收规范及质量标准；

（3）批准的设计文件和施工图纸及说明书；

（4）双方签订的施工合同；

（5）设备技术说明书；

（6）设计变更通知书；

（7）有关协作配合协议书等。

2．施工项目竣工质量验收的条件

施工项目进行竣工验收之前，应符合下列的各项要求：

（1）完成工程设计和合同约定的各项内容。

（2）施工单位在工程完工后，对工程质量进行了检查，确认工程质量符合有关法律、法规和工程建设强制性标准，符合设计文件及合同要求，并提出工程竣工报告。工程竣工报告应经项目经理和施工单位有关负责人审核签字。

（3）对于委托监理的工程项目，监理单位对工程进行了质量评估，具有完整的监理资料，并提出工程质量评估报告。工程质量评估报告应经总监理工程师和监理单位有关负责人审核签字。

（4）勘察、设计单位对勘察、设计文件及施工过程中由设计单位签署的设计变更通知书进行了检查，并提出质量检查报告。质量检查报告应经该项目勘察、设计负责人和勘察、设计单位有关负责人审核签字。

（5）有完整的技术档案和施工管理资料。

（6）有工程使用的主要建筑材料、建筑构配件和设备的进场试验报告，以及工程质量检测和功能性试验资料。

（7）建设单位已按合同约定支付工程款。

（8）有施工单位签署的工程质量保修书。

（9）建设主管部门及工程质量监督机构责令整改的问题全部整改完毕。

（10）法律、法规规定的其他条件。

3．施工项目竣工质量验收程序

竣工质量验收应当按以下程序进行：

（1）工程完工并对存在的质量问题整改完毕后，施工单位向建设单位提交工程竣工报告，申请工程竣工验收。实行监理的工程，工程竣工报告须经总监理工程师签署意见。

（2）建设单位收到工程竣工报告后，对符合竣工验收要求的工程，组织勘察、设计、施工、监理等单位组成验收组，制定验收方案。对于重大工程和技术复杂工程，根据需要可邀请有关专家参加验收组。

（3）建设单位应当在工程竣工验收7个工作日前将验收的时间、地点及验收组名单，书面通知负责监督该工程的工程质量监督机构。

（4）建设单位组织工程竣工验收会。

4．竣工验收报告的内容

工程竣工验收合格后，建设单位应当及时提出工程竣工验收报告，工程竣工验收报告应附有下列文件：

    （1）施工许可证；

    （2）施工图设计文件审查意见；

    （3）上述竣工质量验收条件中的（2）、（3）、（4）、（8）项规定的文件；

    （4）验收组人员签署的工程竣工验收意见；

    （5）法规、规章规定的其他有关文件。

4.3.4　施工质量事故预防与处理

4.3.4.1　工程质量事故的概念和分类

1. 工程质量事故的概念

工程质量事故的相关概念如表 4-18 所示。

工程质量事故的概念　　　　　　　　　　　　　　　　　　表 4-18

概念	内　　容
质量不合格	根据我国《质量管理体系 基础和术语》GB/T 19000—2016 的规定，凡工程产品未满足某个规定的要求，就称之为质量不合格；而未满足与预期或规定用途有关的不合格，称为质量缺陷
质量问题	凡是工程质量不合格，必须进行返修、加固或报废处理，因此造成的经济损失低于规定限额的称为质量问题
质量事故	由于项目参建单位违反工程质量有关法律法规和工程建设标准，使工程产生结构安全、使用功能等方面的质量缺陷，必须返修、加固或者报废处理，由此造成直接经济损失在规定限额以上的称为质量事故

2. 工程质量事故的分类

工程质量事故具有复杂性、严重性、可变性和多发性的特点，常依据事故损失、责任及原因等进行分类，如表 4-19 所示。

工程质量事故的分类　　　　　　　　　　　　　　　　　　表 4-19

分类标准		内　　容
按事故造成损失的程度分类	特别重大事故	造成 30 人以上死亡，或者 100 人以上重伤，或者 1 亿元以上直接经济损失的事故
	重大事故	造成 10 人以上 30 人以下死亡，或者 50 人以上 100 人以下重伤，或者 5000 万元以上 1 亿元以下直接经济损失的事故
	较大事故	造成 3 人以上 10 人以下死亡，或者 10 人以上 50 人以下重伤，或者 1000 万元以上 5000 万元以下直接经济损失的事故
	一般事故	造成 3 人以下死亡，或者 10 人以下重伤，或者 100 万元以上 1000 万元以下直接经济损失的事故
按事故责任分类	指导责任事故	因工程指导或领导失误而造成的质量事故
	操作责任事故	因操作者在施工过程中违反规程和标准实施操作引起的质量事故
	自然灾害事故	因突发严重的自然灾害等不可抗力造成的质量事故
按质量事故产生的原因分类	技术原因引发质量事故	因设计和施工在技术上的失误而导致的质量事故
	管理原因引发质量事故	因项目在管理方面的不完善或失误而导致的质量事故

分类标准		内　容
按质量事故产生的原因分类	社会经济原因引发质量事故	因经济因素及社会存在的不正之风导致错误行为造成的质量事故
	其他原因引发质量事故	因其他人为事故（如设备事故、安全事故等）或严重的自然灾害等不可抗力的原因，引发连带发生的质量事故

4.3.4.2　施工质量事故的预防

施工质量事故的预防，可以从分析常见的质量问题开始，深入挖掘和研究可能发生质量事故的原因，抓住影响施工质量的各种因素和施工质量形成过程的各个环节，采取有针对性的预防措施。

1. 施工质量事故发生的原因

导致施工质量事故发生的原因主要有以下几个：

（1）非法承包，偷工减料；

（2）违背基本建设程序；

（3）勘察设计的失误；

（4）施工的失误；

（5）自然条件的影响。

2. 施工质量事故预防的具体措施

针对这些不同原因导致的质量事故，施工企业应采取以下具体措施进行预防：

（1）严格依法对施工组织进行管理；

（2）严格依照基本建设程序办事；

（3）认真做好工程地质勘察；

（4）对地基进行科学的加固处理；

（5）进行必要的设计审查复核；

（6）严格控制建筑材料及制品的质量；

（7）对施工人员进行必要的技术培训；

（8）加强施工过程的管理；

（9）做好应对不利施工条件和各种灾害的预案；

（10）加强施工安全与环境管理。

4.3.4.3　施工质量事故的处理方法

1. 施工质量事故处理的依据

施工质量事故处理的依据包括以下几个方面：

（1）质量事故的实况资料；

（2）有关的合同文件；

（3）有关的技术文件和档案；

（4）相关的建设法规。

2. 施工质量事故的处理程序

施工质量事故发生后，事故现场有关人员应即刻向工程建设单位负责人报告。工程建设单位负责人应于接到报告后1h内向事故发生地县级以上人民政府住房和城乡建设部门报告。同时，施工项目有关负责人应及时采取必要措施抢救人员和财产，保护事故现场，防止事故扩大。事故发生后，施工项目有关负责人的第一要务是采取措施，抢救人员财产，而不是首先处理事故责任者；同时应注意事故处理的一般程序，其具体内容如表 4-20 所示。

施工质量事故的处理程序　　　　　　　　　　　　表 4-20

程序	内　　容
事故调查	及时、客观、全面地进行事故调查，并将调查结果撰写为事故调查报告，其主要内容包括：工程项目和参建单位概况；事故基本情况；事故发生后所采取的应急防护措施；事故调查中的有关数据和资料；关于事故原因和事故性质的初步判断，及对事故处理的建议；事故涉及人员与主要责任者的情况等
事故原因分析	以事故调查为基础，避免不明情况主观推断事故原因。根据调查得到的数据资料进行仔细的分析，找出造成事故的主要原因
制定事故处理方案	在分析事故原因的基础上，征求专家意见，经科学论证制定处理方案
事故处理	按照制定的质量事故处理的方案，认真处理质量事故，其内容主要包括：事故的技术处理，为解决施工质量不合格和缺陷问题；事故的责任处罚，依据事故的性质、损失大小、情节轻重对事故的责任单位和责任人做出相应的行政处分，或追究刑事责任
事故处理的鉴定和验收	质量事故的处理能否达到预期的目的，隐患是否依然存在，应当根据检查鉴定和验收进行确认。通过检查鉴定和验收，确认事故处理的结果
提交事故处理报告	事故处理结束后，尽快向主管部门和相关单位提交事故处理报告，其内容包括：事故调查的原始资料、测试的数据；事故原因分析和论证；事故处理的依据；事故处理的方案及技术措施；实施质量处理中有关的数据、资料、记录；检查验收记录；事故处理的结论等

3. 施工质量事故处理的基本要求

施工质量事故处理的基本要求如下：

（1）质量事故的处理应安全可靠、不留隐患、满足生产和使用要求、施工方便、经济合理；

（2）重视消除造成事故的原因，注意综合治理；

（3）正确确定处理的范围，选择处理的时间与方法；

（4）加强事故处理的检查验收工作，认真复查事故处理的实际情况；

（5）保证事故处理期间的安全。

4. 施工质量事故处理的基本方法

施工质量事故处理的基本方法如表 4-21 所示。

施工质量事故处理的基本方法　　　　　　　　　　表 4-21

项目	要　　点
修补处理	适用于工程的某些部分质量未达到规定的规范、标准或设计的要求，存在缺陷，但经过修补后可达到要求的质量标准，又不影响使用功能和外观要求的
加固处理	适用于危及承载力的质量缺陷的处理
返工处理	经过修补处理后仍无法满足规定的质量标准要求，或不具备补救可能性，必须进行返工处理
限制处理	工程质量缺陷按修补方法处理后仍无法保证达到规定的使用要求和安全要求，又不能返工处理，应限制使用
不作处理	不作处理的情况包括：不影响结构安全、生产工艺和使用要求；后道工序可以弥补的质量缺陷；法定检测单位鉴定合格；出现的质量缺陷，经检测鉴定达不到设计要求，但经原设计单位核算，仍能满足结构安全和使用功能

项目	要　点
报废处理	适用于出现质量事故，通过分析论证或实践，采取各种处理方法后仍无法满足规定的质量要求或标准

【案例 4-5】

某景观水池工程进行池底施工时，采取钢筋混凝土池底结构待拆模后，监理人员发现混凝土外观质量不良，表面酥松，怀疑其混凝土强度不够，设计要求混凝土抗压强度达到 C20 的等级，于是要求承包商出示有关混凝土质量的检验与试验资料和其他证明材料。承包商向监理企业出示混凝土抽样的检验和试验结果，表明混凝土抗压强度值（28d 强度）全部达到或超过 C20 的设计要求，其中最大值达到了 C30 即 30MPa。监理企业组织复核性检验结果证明该批混凝土全部未达到 C20 的设计要求，其中最小值仅有 C10，经过检查发现承包商所提交的混凝土检验和试验结果，不是按照混凝土检验和试验规程和规定在现场抽取试样和进行试验的，而是在实验室内按照设计提出的最优配合比进行配置和制取试件后的试验结果。

问题：

该水池施工质量问题应如何处理？责任如何认定？

分析：

该景观水池池底结构经检验，施工质量不合格，应采取全部返工重做的处理方法，以保证主体结构的质量，承包商应承担为此所付的全部费用。

承包商不按合同标准、规范及设计要求进行施工和质量检验与试验，应承担工程质量责任，承担返工处理的一切有关费用和工期损失责任，监理企业未能认真严格地对承包商的混凝土施工和检验工作进行监督、控制，使承包商的施工质量得不到严格及时的控制和发现，以致出现严重的质量问题，造成重大经济损失和工期拖延，属于严重失误，监理企业应承担不可推卸的间接责任，并应按合同的约定给予罚金。

【案例 4-6】

某绿化施工企业 A 承建小区绿化景观工程，并将其中给水排水管线工程分包给绿化施工单位 B。其中一条给水管线在试水时，管线出现了质量事故（事故情况略），依据事故调查和经有资质单位检测并出具报告，表明有一个焊口被撕裂，判断为焊接质量不合格。

问题：

（1）从质量事故方面分析 A 公司和 B 公司在质量控制上的责任。

（2）质量事故调查都应包括哪些主要内容？

分析：

（1）检测报告表明质量事故缘由为一个焊口不合格，说明 A 公司和 B 公司在质量控制上对重点工序焊接质量失控，使人、材料、机械、方法、环境等质量因素没有处于受控状态。A 公司对工程施工质量和质量保修工作向发包方负责。分包工程的质量由 B 公司向 A 公司负责。A 公司对 B 公司的质量事故向发包方承担连带责任。

（2）调查内容包括：对事故进行细致的现场调查，包括发生的时间、性质、操作人员、现况及发展变化的情况，充分了解与掌握事故的现场和特征；收集资料，包括所依据的设计图纸、使用的施工方法、施工工艺、施工机械、真实的施工记录、施工期间环境条件、施工顺序及质量控制情况等，摸清事故对象在整个施工过程中所处的客观条件；对收集到的可能引发事故的原因进行整理，按"人、机、料、法、环"5 个方面的内容进行归纳，形成质量事故调查的原始资料。

4.4 园林绿化工程成本控制

4.4.1 施工成本的主要形式及构成

1. 施工成本的形式

施工成本的形式如表 4-22 所示。

施工成本的形式 表 4-22

分类	类型	内 容
从成本发生的时间来划分	预算成本	预算成本是根据园林工程施工图由统一标准的工程量计算出来的成本费用
	计划成本	计划成本是指园林工程施工项目经理部根据计划期的有关资料，在实际成本发生前预先计算的成本
	实际成本	实际成本是指园林工程施工项目在施工期间实际发生的各项生产费用的总和
按生产费用计入成本的方法来划分	直接成本	直接成本是指直接耗用并能直接计入工程对象的费用
	间接成本	间接成本是指非直接用于工程也无法直接计入工程，而是为进行工程施工所必须发生的费用
按生产费用和工程量的关系来划分	固定成本	固定成本是指在一定期间和一定的工程量范围内，其发生的成本额不受工程量增减变动的影响而相对固定，如折旧费、设备大修费、管理人员工资、办公费、照明费等
	变动成本	变动成本是指发生总额随着工程量的增减变动而呈正比例变动的费用，如直接用于工程的材料费、实行计划工资制的人工费等

2. 施工成本构成

施工成本分为直接成本和间接成本两部分，如表 4-23 所示。

施工成本构成 表 4-23

成本形式	成本类型	内 容
直接成本	直接工程费	（1）人工费：指直接从事工程施工的生产工人开支的各项费用，它包括工人的基本工资、浮动工资、工资性津贴、辅助工资、工资附加费、劳保费和奖金等费用。 （2）材料费：指在施工过程中耗用并构成工程项目实体的各种主要材料、外购结构构件和有助于工程项目实体形成的其他材料费用，以及周转材料的摊销（租赁）费用。 （3）施工机械使用费：指使用自有施工机械作业所发生的机械使用费和租用外单位的施工机械所发生的租赁费，以及机械安装、拆卸和进出场费用
直接成本	措施费	指为完成工程项目施工，发生于该工程施工前和施工过程中非工程实体项目的费用，由施工技术措施费和施工组织措施费组成
间接成本	规费	政府和有关政府行政主管部门规定必须缴纳的费用
	企业管理费	园林施工企业组织施工生产和经营管理所需的费用

4.4.2 施工成本计划与控制运行

4.4.2.1 施工成本计划

园林工程施工成本计划是指以货币形式编制园林工程在计划期内的生产费用、成本水平、成本降低率以及为降低成本所采取的主要措施和规划的书面方案，它是建立园林工程施工成本管理责任制、开展成本控制和核算的基础。施工成本计划的作用及编制原则如表 4-24 所示。

施工成本计划的作用及编制原则及依据 表 4-24

项目	内 容
作用	（1）园林工程成本计划是施工企业加强成本管理的重要手段，是落实成本管理经济责任制的重要依据； （2）园林工程成本计划是调动企业内部各方面的积极因素，合理使用一切物质资源和劳动资源的措施之一； （3）园林工程成本计划为施工企业编制财务计划、核定企业流动资金定额，确定施工生产经营计划利润等提供了重要依据
编制原则	（1）园林工程施工成本计划应从企业实际出发，既要使计划尽可能先进，又要实事求是、留有余地； （2）园林工程施工成本计划的编制，必须以先进的施工定额为依据，即要以先进合理的劳动定额、材料消费定额和机械使用定额为依据； （3）园林工程施工成本计划应同其他有关计划密切配合，成本计划的编制应以施工计划、技术组织措施、施工组织设计、物资供应计划和劳动工资计划为依据
编制依据	（1）合同报价书、施工预算； （2）施工组织设计或施工方案； （3）人、料、机市场价格； （4）公司颁布的材料指导价格、公司内部机械台班价格、劳动力内部挂牌价格； （5）周转设备内部租赁价格、摊销损耗标准； （6）已签订的工程合同、分包合同（或估价书）； （7）结构件外加工计划和合同； （8）有关财务成本核算制度和财务历史资料； （9）其他相关资料

4.4.2.2 施工成本计划的编制方法

1. 按施工成本组成编制施工成本计划的方法

施工成本组成包括人工费、材料费、施工机械使用费、企业管理费等。其中，人工费、材料费、施工机械使用费统称为直接费用，企业管理费属于间接费用，编制施工成本计划就按照这 4 类项目进行编制，如图 4-2 所示。

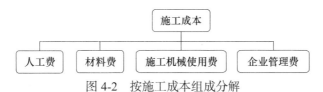

图 4-2 按施工成本组成分解

2. 按项目组成编制施工成本计划的方法

大中型工程项目一般是由多个单项工程构成的，每个单项工程又包括多个子单位工程，而每个子单位工程是由若干个分部分项工程所组成，如图 4-3 所示。

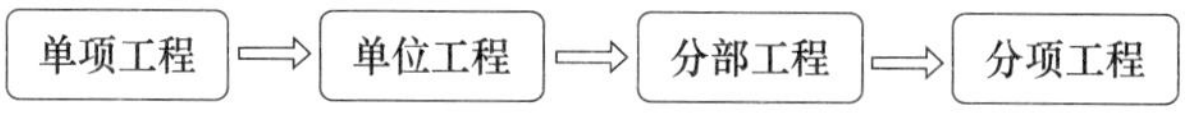

$$单项工程 \Longrightarrow 单位工程 \Longrightarrow 分部工程 \Longrightarrow 分项工程$$

图 4-3　按项目组成分解

3. 按工程进度编制施工成本计划的方法

对施工成本目标按时间进行分解，通过网络计划，可获得项目进度计划的横道图。并在此基础上进行成本计划编制。通常有两种表示方式：

（1）在时标网络图上按月编制的成本计划，如图 4-4 所示。

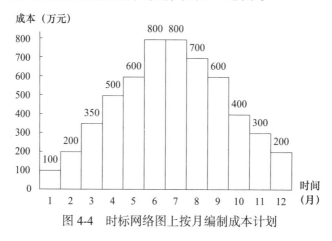

图 4-4　时标网络图上按月编制成本计划

（2）利用时间—成本曲线（S 形曲线）表示，如图 4-5 所示。

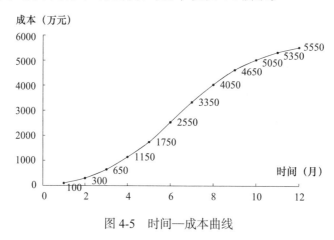

图 4-5　时间—成本曲线

时间—成本曲线表现的是各单位时间计划完成的成本额累加之和，故曲线的走势应该呈从零开始逐渐由小到大、由低到高的发展趋势。

在计算规定时间计划累计支出的成本额时，可按以下公式：

$$Q_t = \sum_{n=1}^{t} q_n \tag{4-1}$$

式中　Q_t——某时间 t 计划累计支出成本额；

q_n——单位时间 n 的计划支出成本额；

t——某规定计划时刻。

4.4.2.3 施工成本控制运行

1. 施工成本控制的原则

施工成本控制原则如表 4-25 所示。

施工成本控制原则 表 4-25

事项	内 容
成本最低化原则	园林工程施工成本控制的根本目的在于通过成本管理的各种手段，不断降低工程成本，以达到可能实现的最低目标成本的要求
全面成本控制原则	全面成本管理是全企业、全员和全过程的管理，也称为"三全"管理
动态控制原则	施工企业项目是一次性的，成本控制应强调项目的中间控制，即动态控制
目标管理原则	应将一个工程项目的总成本目标逐个细化，落实到施工班组，签订成本管理责任书，使成本管理自上而下形成良性循环，从而达到参与工程施工的部门、个人从第一道工序起就注重成本管理的目的
责、权、利相结合的原则	只有真正做好责、权、利相结合的成本控制，才能收到预期的效果

2. 施工成本控制的依据

施工成本控制依据如表 4-26 所示。

施工成本控制依据 表 4-26

项目	内 容
施工承包合同	施工成本控制要以工程承包合同为基本依据，以降低工程成本为目标，从预算收入和实际成本两方面，挖掘增收节支潜力，使经济效益最大化
施工成本计划	施工成本计划是根据施工项目的具体情况制定的施工成本控制方案，包括预定的具体成本控制目标及实现控制目标的措施和规划，是施工成本控制的指导文件
进度报告	进度报告提供每一时刻工程实际完成量和工程施工成本实际支付情况等重要信息
工程变更	在实际施工中，工程变更是在所难免的。通常包括设计变更、进度变更、施工条件变更、施工技术变更、施工次序变更、技术标准与规范变更以及工程数量变更等。由于变更，施工变得更加复杂和困难，因此要随时掌握变更信息，包括已经发生工程量、将要发生工程量、工期是否拖延以及支付情况等，对变更以及变更可能带来的索赔额度进行判断

3. 施工成本控制的程序

施工成本控制程序如表 4-27 所示。

施工成本控制程序 表 4-27

项目	内 容
比较	将实际成本与计划成本进行对比，以发现施工成本是否已超支
分析	以比较为基础，确定偏差产生的原因，从而采取有针对性的措施，减少或避免由此造成的损失
预测	估计完成项目所需费用
纠偏	当工程项目的实际施工成本出现了偏差，通过纠偏，达到有效控制施工成本的目的
检查	对工程的进展进行跟踪和检查，及时了解工程进展状况以及纠偏措施的执行情况

4. 施工成本控制的方法

成本控制的过程控制方法是指在成本形成过程中对构成成本的生产要素的人工费、材料费、施工机械使用费和施工分包费用进行控制。

（1）人工费控制：

1）制定先进合理的企业内部劳动定额，严格执行劳动定额，并将安全生产、文明施工及零星用工下达到作业队进行控制；

2）提高生产工人的技术水平和作业队的组织管理水平；

3）加强职工的技术培训和多种施工作业技能的培训；

4）实行弹性需求的劳务管理制度。

（2）材料费控制：

1）材料用量控制：对于有消耗定额的材料，就以消耗定额为依据，采用限额发料制度进行控制；对于没有消耗定额的材料，则采用计划管理和按指标进行控制；同时在材料物资的收发时准确进行计量，以控制其使用量和消耗量；而对部分小型及零星材料，则根据工程量计算出所需的材料量并折算成费用，实行作业者包干控制。

2）对周转材料，低值易耗品要按规定建立实物账卡，加强实物管理，对零星材料，应回收入账。

（3）施工机械使用费控制。施工机械使用费主要由台班数量和台班单价两方面决定其费用高低。控制施工机械使用费的途径包括：

1）合理安排施工生产，加强设备租赁计划管理，减少因安排不当引起的设备闲置问题，加强机械设备的调度工作，尽量避免窝工，提高现场设备利用率；

2）加强现场设备的维修保养，避免因使用不当造成机械设备的停置；

3）保证机上人员与辅助生产人员的协调配合，提高施工机械台班产量。

（4）施工分包费控制：

1）建立稳定的分包商关系网络；

2）做好分包询价；

3）订立互利平等的分包合同；

4）施工验收与分包结算等。

5. 园林工程施工中降低施工成本的措施

在园林工程施工过程中，降低施工项目成本的措施主要有以下几个方面：

（1）加强施工管理，提高施工组织水平；

（2）加强技术管理，提高施工质量；

（3）加强劳动工资管理，提高劳动生产率；

（4）加强机械设备管理，提高机械设备使用率；

（5）加强材料管理，节约材料费用；

（6）加强费用管理，节约施工管理费。

4.4.3　施工成本分析的方法

4.4.3.1　施工成本分析的依据

施工成本分析是根据相关资料，分析施工成本的形成过程和影响成本升降的因素，以寻找降低成本的途径。成本分析的依据包括会计核算、业务核算和统计核算，如表 4-28 所示。

施工成本分析的依据　　　　　　　　　表 4-28

项目	含　义	特　点
会计核算	会计核算的重点是价值核算。会计是一种管理活动，即对一定单位的经济业务进行计量、记录、分析和检查，做出预测，参与决策，实行监督的综合活动	系统性、组织性、综合性强，是施工成本分析的重要依据
业务核算	业务核算是各业务部门根据业务工作的需要而建立的核算制度，它包括原始记录和计算登记表，如单位工程及分部分项工程进度登记、定额计算登记、质量登记、物资消耗定额记录、测试记录等	比会计核算、统计核算范围要广，除了可以核算已经发生的经济活动，而且还可以核算尚未发生或正在发生的经济活动，且可以对个别的经济业务进行单项核算
统计核算	统计核算是利用会计核算和业务核算的资料，把企业生产经营活动客观现状的大量数据，按统计方法进行系统整理，表现其规律性	计量尺度比会计核算宽，通过全面调查和抽样调查等特有的方法，确定变动速度，可以预测发展的趋势

4.4.3.2　施工成本分析的方法

施工成本分析的方法分为基本方法和综合方法两种。

1. 施工成本分析的基本方法

施工成本分析的基本方法包括比较法、因素分析法、差额计算法、比率法等，其具体内容如表 4-29 所示。

施工成本分析的基本方法　　　　　　　　表 4-29

方法	内　容
比较法	通过技术经济指标的对比，检查目标的完成情况，分析产生差异的原因，进而挖掘内部潜力的方法，通常包括： （1）将实际指标与目标指标进行对比； （2）本期实际指标与上期实际指标进行对比； （3）与本行业平均水平、先进水平进行对比
因素分析法	假定在影响成本升降的因素中的一个因素发生了变化，而其他因素则不变，然后逐个替换，分别比较它们的计算结果，以达到分析确定各个因素对成本的影响程度的目的。因素分析法的计算步骤如下： （1）确定分析对象，并计算出实际与目标数的差异； （2）确定该指标是由哪些因素组成的，并按相互关系对其进行排序（排序规则是：先实物量，后价值量；先绝对值，后相对值）； （3）以目标数为基础，将各因素的目标数相乘，作为分析替代的基数； （4）将各个因素的实际数按照上面的排列顺序进行替换计算，并将替换后的实际数保留下来； （5）将每次替换计算所得的结果，与前一次的计算结果进行比较，两者的差异就是该因素对成本的影响程度； （6）各个因素的影响程度之和，应与分析对象的总差异相等
差额计算法	一种简化形式的因素分析法，利用各个因素的目标值与实际值的差额来计算对成本的影响程度
比率法	用两个以上的指标的比例进行分析，观察相互之间的关系。比率法包括相关比率法、构成比率法和动态比率法

2. 综合成本的分析方法

综合成本是指涉及多种生产要素，并受多种因素影响的成本费用。综合成本的分析方法包括分部分项工程成本、月（季）度成本、年度成本、竣工成本等分析方法。具体内容如表 4-30 所示。

综合成本的分析方法　　　　　　　　　　　　　　　　　　　　　表 4-30

方法	内　　容
分部分项工程成本分析	（1）分部分项工程成本分析的对象是已完成的分部分项工程；成本分析时，不可能也没有必要对每一个分部分项工程都进行成本分析，但对于主要的分部分项工程则必须进行成本分析； （2）分部分项工程成本分析的方法是"三算"对比，即预算成本、目标成本和实际成本的比较，分别计算实际偏差和目标偏差，对偏差产生的原因进行分析，为分部分项工程成本寻找节约的途径； （3）分部分项工程成本分析的资料来源是：预算成本来自于投标报价成本，目标成本来自于施工预算，实际成本来自于施工任务单的实际工程量和实耗人工以及限额领料单的实际消耗材料； （4）对于主要的分部分项工程必须从开工到竣工阶段进行成本的系统分析，从而基本了解成本形成的全过程，为竣工成本分析以及下一步的项目成本管理提供参考资料
月（季）度成本分析	包括对当月（季）的实际成本与预算成本的对比、实际成本与目标成本的对比、各成本项目的成本分析、主要技术经济指标的设计与目标对比、技术组织措施执行效果的分析、其他有利和不利条件对成本的影响的分析等
年度成本分析	年度成本分析以年度成本报表作为依据，除了分析月（季）度成本分析的内容以外，重点是针对下一年度的施工进展情况规划切实可行的成本管理措施，总结一年来的成本管理的成绩和不足，为成本管理提供经验
竣工成本的综合分析	重点进行组成施工项目中的单位工程的竣工成本分析。进行单位工程竣工成本分析的内容包括竣工成本分析、主要资源节超对比分析、主要技术节约措施及经济效果分析

【案例 4-7】

某园林绿化工程合同总价 6000 万元，施工工期 12 个月，养护期 1 年，项目施工承包合同条款规定：

（1）工程预付款为合同总价的 25%；

（2）工程预付款从未施工工程所需的主要材料及构配件价值相当于工程预付款时起扣，每月以抵充工程款的方式陆续收回，主要材料及构配件比重按 60% 考虑；

（3）除设计变更和其他不可抗力因素外，合同总价不做调整；

（4）材料和设备均由承包商负责采购；

（5）工程保修金为合同总价的 5%，在工程结算时一次扣留。经业主工程师代表签认的承包商实际完成的施工工作量见下表（单位：万元）。

施工月份	第 1~7 月	第 8 月	第 9 月	第 10 月	第 11 月	第 12 月
实际完成工作量	3000	420	510	770	750	790
实际完成工作量累计	3000	3420	3930	4700	5450	6240

问题：

（1）工程预付款应从哪个月开始起扣？

（2）第 1~7 月份合计以及第 8、9、10、12 月，业主工程师代表应签发的工程款各是多少万元？

分析：

（1）预付款：$6000 \times 25\% = 1500$ 万元；

起扣点：$6000 - 1500 \div 60\% = 3500$（万元）；

第 9 月累计完成工作量为 3930 万元 > 3500 万元；

工程预付款应从第 9 月开始起扣。

（2）应签发的工程款：

第1~7个月合计应签发3000万元；

第8个月应签发420万元；

第9个月应扣的工程预付款：（3930－3500）×60%＝258万元；

应签发510－258＝252万元；

第10月应扣工程预付款为：770×60%＝462万元；

应签发770－462＝308万元；

第12月由于合同总价不调整，应扣工程预付款为：[790－（6240－6000）]×60%＝330万元；

应签发[790－（6240－6000）]－330＝220万元。

4.5 园林绿化工程安全生产管理

4.5.1 施工安全生产管理

4.5.1.1 安全生产管理制度体系

施工企业建立施工安全生产管理制度应符合相关的法律法规的要求，贯彻"安全第一，预防为主"的方针，进行工程施工全过程的安全管理和控制。

1. 施工安全生产管理制度体系建立的重要性

施工安全生产管理制度体系建立的重要性主要表现如下：

（1）依法建立施工安全生产管理制度体系，使劳动者的安全与健康得到保证，是体现社会经济发展和社会公正、安全、文明的基本标志。

（2）施工安全生产管理制度体系的建立，使企业安全生产规章制度不健全、管理方法不适当、安全生产状况不佳的现状得到改善。

（3）施工安全生产管理制度体系对企业环境的安全卫生状态做了具体的要求和限定，使施工企业健全安全卫生管理机制，改善劳动者的安全卫生条件，提升管理水平，增强企业参与国内外市场的竞争能力。

（4）施工安全生产管理制度体系建设的推行，是适应国内外市场经济一体化趋势的需要。

2. 施工安全生产管理制度体系建立的原则

（1）应贯彻"安全第一，预防为主"的方针，为确保工程施工劳动者的人身和财产安全，施工企业必须建立健全安全生产责任制和群防群治制度。

（2）施工安全生产管理制度体系的建立，必须适用于工程施工全过程的安全管理与控制。

（3）施工安全生产管理制度体系必须符合《中华人民共和国安全生产法》《安全生产许可证条例》《建设工程安全生产管理条例》《生产安全事故报告和调查处理条例》《职业安全卫生管理体系标准》等法律、行政法规及规程的要求。

（4）项目经理部应依据本企业的安全生产管理制度体系，与各项目的实际情况相结合，以确保工程项目的施工安全。

（5）企业应加强对施工项目安全生产管理，指导并帮助项目经理部建立和实施安全生产管理制度体系。

3. 施工安全生产管理制度体系的主要内容

施工安全生产管理制度体系的主要内容如下：

（1）安全生产责任制度。

安全生产责任制度是最基本的安全管理制度，也是所有安全生产管理制度的核心。其主要内容如下：

1）企业和项目相关人员的安全职责。这是指包括企业法定代表人在内的项目相关人员的安全责任。

2）制定对各级、各部门安全生产责任制的执行情况的检查和考核办法，并按规定期限进行考核，须记录考核结果及兑现情况。

3）明确总分包的安全生产责任。实行总承包的由总承包单位负责，分包单位向总包单位负责，并服从总包单位对施工现场的安全管理。

4）项目的主要工种应具备相应的安全技术操作规程，并应将安全技术操作规程作为日常安全活动和安全教育的主要内容，悬挂在操作岗位前。

5）施工现场应根据工程项目大小配备专（兼）职安全人员。建筑工程可按建筑面积 10000m^2 以下的工地至少设一名专职人员，10000m^2 以上的工地设 2～3 名专职人员，50000m^2 以上的大型工地，根据不同专业组成安全管理组进行安全监督检查。

（2）安全生产许可证制度。

施工企业在生产前，应当依法向安全生产许可证颁发机关申请领取安全生产许可证，未取得安全生产许可证的建筑施工企业严禁从事建筑施工活动。安全生产许可证的有效期为 3 年，如有效期满需要延期的，则企业应当于期满前 3 个月向原安全生产许可证颁发管理机关办理延期手续。

（3）政府安全生产监督检查制度。

国家法律、法规授权的行政部门，代表政府对企业的安全生产过程进行监督管理。其主要内容如下：

1）国务院负责安全生产监督管理的部门依法对全国建设工程安全生产工作实施综合监督管理。

2）县级以上地方人民政府负责安全生产监督管理的部门依法对本行政区域内建设工程安全生产工作实施综合监督管理。

（4）安全生产教育培训制度：

1）管理人员的安全教育：国家有关安全生产的方针、政策、法律、法规及有关规章制度；安全生产管理职责、企业安全生产管理知识及安全文化；有关事故案例及事故应急处理措施；基本的安全技术知识、安全生产责任、企业安全生产管理、安全技术、安全文件；安全注意事项、工作岗位的危险因素。

2）企业员工的安全教育：企业员工的安全教育主要包括新员工上岗前的三级安全教育、改变工艺和变换岗位安全教育及经常性安全教育 3 种形式。新员工上岗前必须进行企业（公司）、项目（或工区、工程处、施工队）、班组三级安全教育和实际操作训练，并经考核合格后才能上岗。

3）特种作业人员持证上岗制度：根据规定，垂直运输机械作业人员、起重机械安装拆卸工等特种作业人员，必须按照国家相关规定经过专门的安全作业培训，并取得特种作业操作资格证后，才能上岗作业。特种作业人员应具备以下条件：① 年满 18 周岁，且不超过国家法定退休年龄；② 经社区或者县级以上医疗机构体检健康合格，且无妨碍从事相应特种作业的器质性心脏病、癫痫病、眩晕症、美尼尔氏症、癔症、精神病、震颤麻痹症、痴呆症以及其他疾病和生理缺陷；③ 初中及以上文化程度；④ 具备必要的安全技术知识与技能；⑤ 特种作业规定的其他条件。危险化学品特种作业人员除符合前款第①项、第②项、第④项和第⑤项规定的条件外，还应当具备高中或者相当于高中及以上文化程度。

（5）安全措施计划制度。

安全措施计划制度包括安全技术措施、职业卫生措施、辅助用房及设施、安全宣传教育措施等。编制安全技术措施计划可以按照"工作活动分类→危险源识别→风险确定→风险评价→制定安全技术措施计划评价→安全技术措施计划的充分性"的步骤进行。

（6）安全检查制度：

1）安全检查的目的：通过安全检查可以发现企业及生产过程中的危险因素，使其能够有计划地采取措施，保证安全生产。

2）安全检查的方式：企业组织的定期安全检查、各级管理人员的日常巡回检查、专业性检查、季节性检查、节假日前后的安全检查、交接检查、班组自检、不定期检查等。

3）安全检查的内容包括：查思想、查管理、查隐患、查整改、查伤亡事故处理等。检查"三违"和安全责任制的落实是检查的重点。检查后应对安全检查报告进行编写，报告内容应包括已达标项目、未达标项目、存在问题、原因分析、纠正和预防措施等。

（7）生产安全事故报告和调查处理制度。

生产经营单位发生生产安全事故后，事故现场有关人员应当即刻报告本单位负责人。单位负责人接到事故报告后，应当采取有效措施，组织抢救，防止事故扩大，减少人员伤亡和财产损失，并根据国家有关规定如实报告当地负有安全生产监督管理职责的部门，不得隐瞒不报、谎报或者迟报，不得故意破坏事故现场、毁灭有关证据。

（8）工伤和意外伤害保险制度。

建筑施工企业应当依法为职工办理工伤保险，缴纳工伤保险费。国家鼓励企业为从事危险作业的职工办理意外伤害保险，并支付保险费。

4.5.1.2 危险源的识别和风险控制

危险源是安全管理的主要对象。要进行有效的安全管理，必须正确认识并控制危险源。

1. 危险源的分类

按照危险源在事故发生发展中的作用，危险源可分为两大类，即第 1 类危险源和第 2 类危险源。

（1）第 1 类危险源。

一般把可能发生意外释放的能量（能源或能量载体）或危险物质归为第 1 类危险源，其危险性的大小主要取决于以下几个方面：

1）能量或危险物质的量；

2）能量或危险物质意外释放的强度；

3）意外释放的能量或危险物质的影响范围。

（2）第 2 类危险源。

第 2 类危险源是指造成约束、限制能量和危险物质措施失控的各种不安全因素。主要体现在设备故障或缺陷（物的不安全状态）、人为失误（人的不安全行为）和管理缺陷等几个方面。

（3）危险源与事故。

事故的发生是由两类危险源共同导致的，第 1 类危险源是事故发生的前提和主体，决定事故的严重程度，第 2 类危险源是第 1 类危险源导致事故的必要条件，第 2 类危险源出现的难易，决定事故发生可能性的大小。

2. 危险源的识别

（1）危险源识别。

危险源识别的主要目的在于找出与每项工作活动有关的所有危险源，并考虑这些危险源可能会对人或者设备设施造成的影响。根据我国 2009 年发布的国家标准《生产过程危险和有害因素分类与代码》GB/T 13861—2009，危险源分为以下 4 类：

1）人的因素；

2）物的因素；

3）环境因素；

4）管理因素。

（2）危险源的识别方法。

危险源的识别方法主要有专家调查法（头脑风暴法、德尔菲法）和安全检查表法。其具体含义与特点如表 4-31 所示。

危险源的识别方法　　　　　　　　　　　　　　　　　　表 4-31

方法	概念	特点 / 应用
专家调查法	专家调查法是通过向有经验的专家咨询和调查后，对危险源进行识别、分析和评价的一类方法	优点：简便、易行； 缺点：限制于专家的知识、经验和占有资料，可能出现遗漏； 应用：头脑风暴法，德尔菲法
安全检查表法	安全检查表是实施安全检查和诊断项目的明细表。采用已编制好的安全检查表，进行系统的安全检查，识别工程项目中危险源的存在	优点：简单易懂、容易掌握，可以提前组织专家编制检查内容，使安全检查系统化、完整化； 缺点：只能做出定性评价； 应用：施工安全检查表、防火防盗安全检查表

3. 危险源的评估

评估危险源造成风险的可能性及损失大小，对风险进行分级，一般将风险分为 5 个等级，分别采取相应的风险控制措施。

风险评价是一个持续不断的过程，应持续评审控制措施的充分性。当条件变化时，应对风险重新评估。

4. 风险的控制

（1）风险控制策划。

风险评价后，应先分别列出所有识别的危险源和重大危险源清单，对已经评价出的不容许的和重大风险（重大危险源）优先排序，然后由工程技术主管部门的相关人员进行风险控制的策划，最后进行风险控制措施计划或管理方案的制订。

（2）风险控制措施计划。

在实际应用中，应该根据风险评价所获得的不同风险源和风险量大小对不同的控制策略进行选择。

风险控制措施计划在实施前宜进行评审。评审主要包括以下内容：① 更改的措施能否使风险降低到可允许水平；② 是否有新的危险源产生；③ 选定的成本效益的解决方案是否最佳；④ 更改的预防措施能否全面落实。针对不同风险水平的风险控制措施计划表如表4-32所示。

针对不同风险水平的风险控制措施计划表   表4-32

风险	措 施
可忽略的	不采取措施也不用保留文件记录
可容许的	不需要另外的控制措施，应考虑投资效果更好的解决方案或不增加额外成本的改进措施，需要通过监视来确保维持控制措施
中度的	应努力降低风险，同时应仔细测定和限定预防成本，并在规定的时间期限内实施降低风险的措施，在中度风险与严重伤害后果相关的场合，必须进一步评价，确定伤害的准确性，以确定控制措施是否需要改进
重大的	在风险降低后才可以开始工作，为降低风险有时必须配置大量的资源，当风险涉及正在进行中的工作时，应采取应急措施
不容许的	必须当风险已降低时，才可以开始或继续工作。如果无限的资源投入也无法降低风险，应禁止工作

（3）风险控制方法。

针对不同的风险源采取不同的控制方法进行风险控制：

1）第1类危险源控制方法：可以采取消除危险源、限制能量和隔离危险物质、个体防护、应急救援等方法。

2）第2类危险源控制方法：通过提高各类设施的可靠性来消除或减少故障、增加安全系数、设置安全监控系统、改善作业环境等。最关键的是加强员工的安全意识培训和教育，改变不良的操作习惯，严格按章办事，并在生产过程中保持良好的生理和心理状态。

4.5.1.3 安全隐患的处理

施工安全隐患是指在建筑施工过程中，威胁生产施工人员的生命安全的不利因素，包括：人的不安全行为、物的不安全状态、管理不当。

1. 施工安全隐患的处理原则

施工安全隐患处理原则如表4-33所示。

施工安全隐患处理原则   表4-33

处理原则	内 容
冗余安全度处理原则	在处理安全隐患时应设置多道防线，即使有一两道防线无效，还有冗余的防线可以对事故隐患进行控制。例如：道路上出现一个坑，既要设置防护栏和警示牌，又要设置照明和夜间警示红灯
单项隐患综合处理原则	"人、机、料、法、环"五项任一环节产生安全隐患，都应考虑到五项的安全匹配问题，调整匹配的方法，提高匹配的可靠性
直接隐患与间接隐患并治原则	对人机环境系统和安全管理措施进行安全治理
预防与减灾并重处理原则	处理安全事故隐患时，应尽可能减少肇发事故的可能性，若无法控制事故的发生，也要尽可能将事故等级减低，并对事故减灾做充分准备，研究应急技术操作规范
重点处理原则	通过对隐患的分析评价结果实行危险点分级治理，也可以运用安全检查表打分对隐患危险程度分级
动态处理原则	动态治理是对生产过程的动态随机安全化治理，生产过程中发现问题及时治理，既能及时消除隐患，又能避免隐患的扩大

127

2. 施工安全隐患的处理和防范

施工安全隐患的处理和防范的内容如下：

（1）施工安全隐患的处理。

在建设工程中，施工单位发现事故安全隐患应当采用相关的处理方法，具体处理方法如下：

1）当场指正，限期纠正，预防隐患发生；

2）做好记录，及时整改，消除安全隐患；

3）分析统计，查找原因，制定预防措施；

4）检查单位对受检单位的纠正和预防措施的实施过程及效果，进行跟踪验证。

（2）施工安全隐患的防范。

根据安全隐患的内容而采用的安全隐患防范的一般方法包括以下几个方面：

1）对施工人员进行安全意识的培训；

2）对施工机具进行有序监管，投入必要的资源进行保养维护；

3）建立施工现场的安全监督检查机制。

4.5.2 生产安全事故及其处理

4.5.2.1 生产安全事故的分类

生产安全事故可以从不同分类标准进行分类，具体分类如表 4-34 所示。

生产安全事故的分类

表 4-34

项目		内 容
按照安全事故伤害程度分类	轻伤	损失 1～105 个工作日的失能伤害
	重伤	损失工作日大于等于 105 个工作日的失能伤害，最多不超过 6000 个工作日
	死亡	损失工作日大于 6000 个工作日
按照安全事故类别分类		将事故类别划分为 20 类，包括物体打击、车辆伤害、机械伤害、起重伤害、触电、灼烫、淹溺、火灾、高处坠落、坍塌、冒顶片帮、透水、放炮、火药爆炸、瓦斯爆炸、锅炉爆炸、容器爆炸、其他爆炸、中毒和窒息、其他伤害
按照安全事故受伤性质分类		受伤性质是指人体受伤的类型，即从医学的角度定义创伤的具体名称，常见的有：电伤、挫伤、割伤、擦伤、刺伤、撕脱伤、扭伤、倒塌压埋伤、冲击伤等
按照生产安全事故造成的人员伤亡或直接经济损失分类	特别重大事故	造成 30 人以上死亡，或者 100 人以上重伤（包括急性工业中毒，下同），或者 1 亿元以上直接经济损失的事故
	重大事故	造成 10 人以上 30 人以下死亡，或者 50 人以上 100 人以下重伤，或者 5000 万元以上 1 亿元以下直接经济损失的事故
	较大事故	造成 3 人以上 10 人以下死亡，或者 10 人以上 50 人以下重伤，或者 1000 万元以上 5000 万元以下直接经济损失的事故
	一般事故	造成 3 人以下死亡，或者 10 人以下重伤，或者 1000 万元以下 100 万元以上直接经济损失的事故

4.5.2.2 施工生产安全事故的处理

施工生产安全事故的处理主要包括施工生产安全事故的处理原则、事故报告的要求、事故报告的内容、事故调查、事故处理和法律责任几个方面的内容。

1. 施工生产安全事故处理的原则

施工项目一旦发生安全事故，应立即实施应急预案，尽量防止事态的扩大和减少事故的损失。事故的处理必须实施"四不放过"原则：

（1）事故原因没有查清不放过。

（2）责任人员没有受到处理不放过。

（3）职工群众没有受到教育不放过。

（4）防范措施没有落实不放过。

2. 生产安全事故报告的要求

施工单位事故报告要求如下：

（1）发生生产安全事故，受伤者或最先发现事故的人员应立即用最快的传递方式将发生事故的时间、地点、伤亡人数、事故原因等情况，报告给施工单位负责人。

（2）施工单位负责人应当在接到报告后 1h 内向事故发生地县级以上人民政府建设主管部门和有关部门报告。

（3）若情况紧急，事故有关人员可以直接向事故发生地县级以上人民政府建设主管部门和有关部门报告。

3. 事故报告的内容

事故报告的内容如下：

（1）事故发生单位概况。

（2）事故发生的时间、地点以及事故现场情况。

（3）事故的简要经过。

（4）事故已经造成或者可能造成的伤亡人数（包括下落不明的人数）和初步估计的直接经济损失。

（5）已采取的措施。

（6）其他应当报告的情况。

4. 事故调查

事故调查是指应当及时、准确地查清事故的经过、原因及损失，并查明事故性质、认定事故责任、总结事故教训、提出整改措施，同时对事故责任者依法追究责任。事故调查报告的具体内容如下：

（1）事故发生单位概况。

（2）事故的发生经过和救援情况。

（3）事故造成的人员伤亡及直接经济损失。

（4）事故发生的原因和事故的性质。

（5）事故责任的认定及对事故责任者的处理建议。

（6）事故防范与整改措施。

5. 事故处理

施工单位的事故处理包括以下内容：

（1）事故现场处理。事故发生单位须保护好事故现场，做好标识，排除险情，采取有效措施抢救伤员和财产，防止事故蔓延扩大。

（2）事故登记。

（3）事故分析记录。

（4）应坚持安全事故月报制度，如果当月无事故应报空表。

6. 生产安全事故中违法行为和法律责任的相关规定

生产安全事故中违法行为和法律责任的相关规定如表 4-35 所示。

生产安全事故中违法行为和法律责任的相关规定　　　　　　　　　表 4-35

项目	内　容
违法行为	（1）未立即组织事故抢救。 （2）在事故调查处理阶段擅离职守。 （3）对事故迟报或漏报。 （4）对事故谎报或瞒报。 （5）故意破坏或者伪造事故现场。 （6）转移或隐匿资金、财产，销毁相关证据、资料。 （7）拒绝接受调查或者拒绝提供相关情况和资料。 （8）在事故调查中做伪证或者指使他人作伪证。 （9）事故发生后逃匿。 （10）阻碍和干涉事故调查工作。 （11）对事故调查工作不负责任，导致事故调查工作有重大疏漏。 （12）故意借机打击报复或者包庇、袒护负有事故责任的人员。 （13）拒绝落实或者故意拖延经批复的对事故责任人的处理意见
法律责任	（1）事故发生单位主要负责人有上述（1）～（3）条违法行为之一的，处上一年年收入 40%～80% 的罚款；属于国家工作人员，依法予以处分；构成犯罪的，依法追究刑事责任。 （2）事故发生单位及其有关人员有上述（4）～（9）条违法行为之一的，对事故发生单位处100 万元以上 500 万元以下的罚款；对主要负责人、直接负责的主管人员和其他直接责任人员处上一年年收入的 60%～100% 的罚款；属于国家工作人员，依法予以处分；构成违反治安管理行为的，由公安机关依法予以治安管理处罚；构成犯罪的，依法追究刑事责任。 （3）有关地方人民政府、安全生产监督管理部门和负有安全生产监督管理职责的有关部门有上述（1）、（3）、（4）、（8）、（10）条行为之一的，对直接负责的主管人员和其他直接责任人员依法予以处分；构成犯罪的，依法追究刑事责任。 （4）参与事故调查的人员在事故调查中有上述（11）、（12）条违法行为之一的，依法予以处分；构成犯罪的，依法追究刑事责任。 （5）有关地方人民政府或者有关部门拒绝落实或者故意拖延经批复的对事故责任人的处理意见的，由监察机关对有关责任人员依法予以处分

【案例 4-8】

某公园绿化施工企业，在一公园绿化项目中，使用起重机栽植胸径 30cm 的香樟。当树被吊起约 4m 高时，由于绳断树落，将正在现场作业的起重工刘某和吊车司机李某当场砸死。后查所使用钢丝绳早就达到报废标准，施工人员无安全教育和安全交底。

问题：

该案例中施工项目管理存在哪些不当之处？

分析：

施工过程中，违章使用了已经达到报废标准的钢丝绳吊装大树，是造成这起事故的直接原因。机械站管理混乱，缺乏相应的管理制度，已经报废的钢丝绳还在使用。对管理和操作人员没有进行应有的安全教育和安全技术交底。在吊装作业前，没对各项准备工作做认真检查。

【案例 4-9】

某生态公园项目，包含地形整治，室外景观绿化、硬质景观铺装等。建设单位与施工单位签订了施工合同，约定创省级安全文明工地。在施工过程中，发生了如下事件：

事件1：建设单位组织安全检查，包括：安全思想、责任、制度、措施。

事件2：施工单位编制的项目安全措施包括：管理目标、规章制度、应急预案、教育培训。检查组认为内容不全，要求补充。

问题：

（1）除事件1所述检查内容外，施工安全检查还应检查哪些内容？

（2）事件2中，安全措施计划中还应补充哪些内容？

分析：

（1）除了事件1中所述的检查内容外，施工安全检查还应该检查的内容包括：安全防护、设备设施、教育培训、操作行为、劳动防护用品使用、伤亡事故处理。

（2）事件2中安全措施计划还应补充的内容包括：工程概况、组织机构与职责权限、风险分析与控制措施、安全专项施工方案、资源配置与费用投入计划、检查评价、验证与持续改进。

4.6　园林绿化工程生产资源管理

4.6.1　现场资源管理基础

4.6.1.1　现场资源构成

园林工程现场资源构成如表4-36所示。

园林工程现场资源构成 表4-36

项目	内　容
人力资源	人力资源主要包括劳动力总量，各专业、各种级别的劳动力，操作工人、修理工以及不同层次和职能的管理人员
资金	资金也是一种资源，资金的合理使用是施工顺序、有序进行的重要保证
技术	技术指操作技能、劳动手段、劳动者素质、生产工艺、试验检验、管理程序和方法等
材料	材料主要包括原材料和设备、周转材料。在园林绿化中，各种材料占工程成本的50%以上
机械设备	工程项目的机械设备主要是指项目施工所需的施工设备、临时设施和必需的后勤供应

4.6.1.2　现场资源内容

园林绿化工程现场资源管理内容如表4-37所示。

园林工程现场资源管理内容 表4-37

项目	内　容
人力资源管理	（1）人力资源的招收、培训、录用和调配（对于劳务单位）；劳务单位和专业单位的选择和招标（对于总承包单位）； （2）科学合理地组织劳动力，节约使用劳动力； （3）制订、实施、完善、稳定劳动定额和定员； （4）改善劳动条件，保证职工在生产中的安全与健康； （5）加强劳动纪律，开展劳动竞赛，提高劳动生产效率； （6）对劳动者进行考核，以便对其进行奖惩

项 目	内　容
资金管理	把有限的资金运用到关键的地方，加快资金的流动，促进施工，降低成本
技术管理	（1）技术准备阶段。"三结合"设计，图纸的熟悉审查及会审，设计交底，编制施工组织设计及技术交底。 （2）技术开发活动。科学研究、技术改造、技术革新、新技术试验以及技术培训等。此外、还有技术装备、技术情报、技术文件、技术资料、技术档案、技术标准和技术责任制等，这些也属于园林工程施工技术管理的范畴
材料管理	材料管理就是对园林施工生产过程中所需要的各种材料的计划、订购、运输、储备、发放和使用所进行的一系列组织与管理工作
机械设备管理	机械设备管理的内容，主要包括机械设备的合理装备、选择、使用、维护和修理等

4.6.1.3　施工现场资源管理计划

1. 施工资源管理计划编制的依据

（1）项目目标分析。通过对园林工程项目目标的分析，把项目的总体目标分解为各个具体的子目标，以便于了解项目所需资源的总体情况。

（2）工作分解结构。根据工作分解结构的结果估算出完成各项活动所需资源的数量、质量和具体要求等信息。

（3）项目进度计划。项目进度计划提供了园林项目的各项活动何时需要相应的资源以及占用这些资源的时间，合理地配置项目所需的资源。

（4）制约因素。充分考虑各类制约因素，如园林项目的组织结构、资源供应条件等。

（5）历史资料。资源计划可以借鉴类似项目的成功经验，以便于园林工程项目资源计划的顺利完成，既可节约时间又可降低风险。

2. 施工资源管理计划的基本要求

（1）资源管理计划应包括建立资源管理制度，编制资源使用计划、供应计划和处置计划，规定控制程序和责任体系。

（2）资源管理计划应依据资源供应条件、现场条件和园林工程项目管理实施规划编制。

（3）资源管理计划必须纳入到进度管理中，由于资源作为网络的限制条件，在安排逻辑关系和各工程活动时就要考虑到资源的限制和资源的供应过程对工期的影响。

（4）资源管理计划必须纳入到园林工程项目成本管理中，以作为降低成本的重要措施。

（5）在制订实施方案以及技术管理和质量控制中必须包括资源管理的内容。

3. 施工资源管理计划编制的程序

（1）确定资源的种类、质量和用量。

（2）调查市场上资源的供应情况。

（3）资源的使用情况。主要是确定各种资源使用的约束条件，包括总量限制、单位时间用量限制、供应条件和过程的限制等。

（4）确定资源使用计划。

（5）确定具体资源供应方案。

（6）确定后勤保障体系。

4.6.2　施工现场材料和设备管理

4.6.2.1　施工现场材料管理

1. 现场管理

现场管理应着重抓好以下工作：

（1）做好四个程序的管理工作，即现场材料的验收、发放、保管和使用的管理。

（2）抓好三个阶段的管理工作，即施工前的准备工作，施工中的组织与管理工作，收尾和转场工作。

（3）强化材料的定额管理，注重材料节约，搞好单位工程材料核算。

（4）严格执行各项规章制度的落实，加强岗位责任制的考核及材料监督工作。

2. 定额管理

（1）健全定额管理体系。总公司对分公司实行限额供料；分公司对基层施工工地实行定额发料；施工工地对班组执行限额领料，形成层层把关，全过程控制的管理体系。

（2）实行单位工程主要材料包干使用办法。搞好单位工程材料核算工作，也可随时做好分部工程材料核算最后汇总的方法。

（3）明确工作程序及做法。健全手续，完善限额领料单的签发、下达、应用、检查、验收、结算的工作程序与做法，建立完善的定额考核制度，各种台账及报表要及时准确地记载和汇总；做好竣工结算工作。

（4）项目经理部要设置专职定额员，及时掌握市场材料价格信息；建立岗位责任制及检查、考核评比制度。

3. 仓库管理

（1）健全库房、料场管理制度，做好库存物资的保管保养工作。

（2）完善各项工作的手续、账务、核算等业务管理工作。

（3）落实各项经济技术指标，实行定期考核制度。

4. 内部业务管理和核算

（1）严格各类业务手续制度。抓好各类单据凭证、各类统计报表、三级明细账及台账的编制、登记、装订、存档等管理工作，使之逐步实现统一化、标准化和规范化。

（2）健全和完善各类计划的编制、汇总、上报、归档等管理工作。

（3）各级材料部门应设置材料核算员（材料会计），负责材料采购和供应过程中的采购（供应）成本的核算工作。本着谁采购谁核算的原则，各核算单位要设置料差科目，采购业务设记账员（库发、直发两种料账），做好业务核算，按月进行会计稽核工作。

（4）建立业务档案。各级材料部门要建立业务管理档案室（柜），由物管统计员兼任档案员。

5. 供应质量与计量管理

（1）强化材料供应质量。三级配套供应部门要建立供应质量保证体系，控制组织供应工作的全过程，严把材料供应质量关，强化对原材料、构配件及设备等产品的质量证明等技术资料的管理工作。

（2）建立健全材料物资系统计量管理制度。为了更好地贯彻执行国家计量法令、法规及有关规定，使园林企业管理达标准、上等级，真实反映企业的能源消耗和物资消耗，要建立和完善物资系统计量管理体系，以逐步实现材料物资供应管理的科学化、标准化及现代化。

4.6.2.2　施工现场机械管理

1. 园林机械设备管理要点

（1）建立健全的设备管理制度。

主要建立健全"人机固定"制度、"操作证"制度、岗位责任制度、技术保养制度、安全使用制度、机械设备检查制度等。

（2）严格执行技术规定：

1）技术实验的制度。对新购置或经过大修改装的机械设备在使用前，必须进行技术实验，以测定其技术性能、工作性能和安全性能，确认合格后才能验收，投入生产使用。

2）磨合期的规定。对新购置或经过大修的机械设备，在初期使用时，都要进行一段时间的试用，工作负荷或行驶速度要逐渐由小到大，使机械设备各部配合达到完善磨合状态。

3）寒冷地区使用机械设备的规定。施工机械设备多数都是露天作业，因寒冷低温，风大雪多，给机械设备使用带来很多麻烦，如果防冻措施不当，不仅不能保证正常运转反而会影响施工生产任务，因此必须按有关冬季机械设备使用规定使用。

4）严格执行机械设备保养规程和安全操作规程。

（3）充分调动人的积极因素。

在做好思想政治工作的基础上，坚持物质利益和精神鼓励相结合，并对广大职工进行技术业务培训，提高其素质。

2. 园林机械设备使用管理

（1）机械设备验收：

1）企业的设备验收。园林企业要建立健全设备购置验收制度，对于企业新购置的设备，尤其是大型施工机械设备和进口的机械设备，相关部门和人员要认真进行检查验收，及时安装、调试、移交使用，以便在索赔期内发现问题，及时办理索赔手续。同时要按照国家档案管理要求，及时建立设备技术档案。

2）工程项目的设备验收。园林工程项目要严格设备进场验收工作，一般中小型机械设备由施工员（工长）会同专业技术管理人员和使用人员共同验收；大型设备、成套设备需在项目经理部自检自查基础上报请公司有关部门组织技术负责人员及有关部门人员验收；对于重点设备要组织第三方具有认证或相关验收资质单位进行验收。

（2）进入施工现场的机械设备应当检查其相关的技术文件。

（3）机械设备部门业务管理：

1）坚持实行操作制度，无证不准上岗。

2）遵守磨合期使用规定，防止机件早期磨损，延长机械使用寿命和修理周期。

3）建立设备档案制度，要在设备验收的基础上，建立健全设备技术原始资料、使用、运行、维修台账，其验收资料要分专业归档。

4）组织好机械设备的流水施工。

5）机械设备安全作业。项目经理部在机械作业前应向操作人员进行安全操作交底，使操作人员对施工要求、场地环境、气候等安全生产要素有清楚的了解。

6）为机械设备的施工创造良好条件。园林施工现场环境、施工平面布置图应适合机械作业要求，交通道路畅通无障碍，夜间施工应安排好照明。

（4）施工现场设备管理机构：

1）对于大型园林施工现场，项目经理部应设置相应的设备管理机构和配备专职的设备管理人员，设备出租单位也应派驻设备管理人员和设备维修人员。

2）对于中小型园林施工现场，项目经理部也应配备兼职的设备管理人员，设备出租单位要定期检查和不定期巡回检修。

3）对于分承包单位自带的设备单位，也应配备相应的设备管理人员，配合施工项目总承包企业加强对施工现场机械设备的管理，确保机械设备的正常运行。

（5）机械设备使用中的"三定"制度。"三定"制度是指定机、定人、定岗位责任。实行"三定"制度，有利于操作人员熟悉机械设备特性，熟练掌握操作技术，合理和正确地使用、维护机械设备，提高机械效率；有利于大型设备的单机经济核算和考评操作人员使用机械设备的经济效果；也有利于定员管理、工资管理。具体做法如下：

1）多班作业或多人操作的机械设备，实行机长负责制，从操作人员中任命一名骨干能手为机长。

2）一人管理一台或多台机械设备，该人即为机长或机械设备的保管人员。

3）中小型机械设备，在没有绝对固定操作者情况下，可任命机组长。

【案例4-10】

甲公司承包了某绿地施工工程，在施工过程中有一台挖土机的操作工人李某由于身体不适请假，为不影响工程进度，临时换了另一名工人王某代替他操作。

问题：

甲公司临时更换挖掘机司机的行为是否合理？为什么？

分析：

项目中擅自换人是不合理的。合理使用机械设备，正确进行操作，是保证项目施工质量的重要环节，应贯彻"人机固定"原则，实行定机、定人、定岗位责任的"三定"制度。

4.7　园林绿化工程合同管理

4.7.1　施工合同跟踪与控制

施工合同签订后，当事人应认真分析合同条款，向参与项目实施的有关责任人做好合同交底的工作，并在合同的履行过程中进行跟踪和控制，加强合同的变更管理，以保证合同的顺利履行。

4.7.1.1　施工合同跟踪

施工合同的跟踪包括承包单位的合同管理职能部门对合同执行者即项目经理部或项目参与人的履行情况的跟踪、监督和检查，以及合同执行者本身对合同计划的执行情况的跟踪、检查和对比，这两个方面都必须进行。

1. 合同跟踪的依据

（1）合同跟踪的重要依据为合同以及根据合同而编制的各种计划文件。

（2）各种实际工程文件，如原始记录、报表、验收报告等。

（3）管理人员对现场情况的掌握，如现场巡视、交谈、会议、质量检查等。

2. 合同跟踪的对象

（1）承包的任务。主要包括工程施工的质量、工程进度、工程数量及成本的增加和减少。

（2）工程承包人必须跟踪检查分包工程小组或分包人及其所负责的工程，协调关系，提出意见、建议或警告，确保工程总体质量和进度。总承包商对专业分包人的工作和所负责的工程负有协调和管理的责任，并承担由此造成的损失。

（3）业主和其委托的工程师的工作，包括业主能否及时、完整地提供工程施工的实施条件，业主和工程师（监理人）能否及时给予指令、答复和确认等，业主能否及时并足额地支付应付的工程款项。

4.7.1.2　合同实施的偏差分析与处理

1. 合同实施的偏差分析

根据合同跟踪的结果，当事人要进行合同实施的偏差分析，分析内容包括以下几点：

（1）产生偏差的原因分析。对比分析合同执行实际情况与实施计划，既可以发现合同实施的偏差，也可以探索导致差异的原因。

（2）合同实施偏差的责任分析。分析偏差的原因由谁引起，责任应该由谁承担。责任分析必须以合同为依据，根据合同规定落实双方的责任。

（3）合同实施趋势分析。针对合同实施偏差情况，当事人可以采取不同的措施。当事人应对不同措施下合同执行的结果与趋势进行分析，包括最终的工程状况、总工期的延误、总成本的超支、质量标准、所能达到的生产能力等，承包商将承担的后果，如被罚款、被清算，被起诉，对承包商资信、企业形象、经营战略的影响等。

2. 合同实施的偏差处理

根据合同实施偏差分析的结果，承包商应该采取相应的调整措施，调整措施可以分为以下几类：

（1）组织措施，如增加人员投入，调整人员安排及调整工作流程和工作计划等。

（2）技术措施，如变更技术方案，使用新的高效率的施工方案等。

（3）经济措施，如增加投入，通过经济进行激励等。

（4）合同措施，如进行合同变更，签订附加协议及采取索赔手段等。

4.7.2　施工合同变更的管理

合同变更是指合同成立至合同履行完毕这段时间由双方当事人依法对合同的内容所进行的修改。合同变更包括合同价款、工程内容、工程的数量、质量要求和标准、实施程序等的一切改变。

4.7.2.1　工程变更的原因、变更的范围和内容

工程变更属于合同变更，工程变更通常是指在工程施工过程中，根据合同约定对施工的程序、工程的内容、数量、质量要求及标准等进行的变更。

工程变更的原因、变更的范围和内容如表 4-38 所示。

工程变更的原因、变更的范围和内容　　　　　　　表 4-38

事项	内　　容
工程变更的原因	（1）业主新的变更指令和对项目的新要求，如业主修改项目计划或削减项目预算等； （2）由于设计人员、监理方人员、承包商事先没有充分地理解业主的意图，或因设计的错误，导致图纸修改； （3）因工程环境的变化，使预定的工程条件不准确，要求变更实施方案或实施计划；

续表

事项	内　　容
工程变更的原因	（4）因新技术和知识产生，有必要改变原设计、实施方案或实施计划，或由于业主指令及业主责任的原因造成承包商改变施工方案； （5）政府部门对工程的新要求，如国家计划变化、环境保护要求、城市规划变动等； （6）因合同实施出现问题，必须修改合同条款或调整合同目标
变更的范围和内容	（1）取消合同中任何一项工作，被取消的工作不能转由发包人或其他人实施； （2）改变合同中任何一项工作的质量或其他特性； （3）改变合同工程的基线、标高、位置或尺寸； （4）改变合同中任何一项工作的施工时间或改变已批准的施工顺序或工艺； （5）为完成工程追加的额外工作

4.7.2.2　变更权和变更程序

变更权和变更程序的具体内容如下：

1. 变更权

在合同履行过程中，经发包人同意，监理人可根据合同约定的变更程序向承包人作出变更指示，承包人应遵照执行。变更指示必须由监理人发出，没有监理人的变更指示，承包人不能擅自变更。

2. 变更程序

变更的程序包括变更的提出和变更指示，其具体内容如表 4-39 所示。

变更程序内容

表 4-39

事项	内　　容
变更的提出	（1）在合同履行过程中，可能发生合同内容变更，由监理人向承包人发出变更意向书。 （2）在合同履行过程中，已经发生上述合同内容变更，监理人应根据合同约定的程序向承包人发出变更指示。 （3）承包人收到监理人根据合同约定发出的文件和图纸，经检查认为其中存在上述情形，可向监理人提出书面变更建议。 （4）如承包人收到监理人的变更意向书后认为难以进行变更，应即刻通知监理人，说明原因并附详细依据。监理人与承包人和发包人协商后确定撤销、改变或不改变原变更意向书
变更指示	变更指示必须由监理人发出。变更指示应说明变更的目的、范围、变更内容以及变更的工程量及其进度和技术要求，并附有关文件和图纸。承包人收到变更指示后，应根据变更指示进行变更工作

4.7.3　施工合同的索赔

4.7.3.1　施工合同索赔的依据和证据

建设工程索赔是指在工程合同履行过程中，合同当事人一方因对方没有履行或没有正确履行合同或者因其他非自身因素而受到经济损失和权利损害，通过合同约定的程序向对方提出经济或时间补偿要求的行为。

在建设工程施工承包合同执行过程中，业主可以向承包人提出索赔要求，承包人也可以向业主提出索赔要求，索赔是双向的。当一方向另一方提出索赔要求，被索赔方可以采取适当的反驳、应对和防范措施，这就是反索赔。

1. 索赔的依据和证据

（1）索赔的依据。

索赔的依据主要包括合同文件，法律、法规，工程建设惯例。

（2）索赔的证据。

索赔的证据是指当事人用以支持其索赔成立或索赔有关的证明文件和资料。

1）索赔证据的基本要求：真实性、全面性、及时性、关联性和有效性。

2）索赔的证据有以下几类：① 各种合同文件，包括施工合同协议书及其附件、投标书、中标通知书、标准和技术规范、图纸、工程报价单或者预算书、工程量清单、有关技术资料和要求、施工过程中的补充协议等。② 经发包人或者工程师（监理人）批准的承包人的施工方案、施工进度计划、施工组织设计和现场实施情况记录。③ 施工日记和现场记录，包括有关设计交底、设计变更、施工变更指令，机械设备和工程材料的采购、验收与使用等方面的凭证及材料供应清单、合格证书，工程现场水、电、道路等开通和封闭的记录，停水与停电等各种干扰事件的时间和影响记录等。④ 工程有关录像和照片等。⑤ 备忘录，工程师（监理人）或业主的口头指示和电话应随时进行书面记录，并给予书面确认。⑥ 由发包人或者工程师（监理人）签认的签证。⑦ 工程各种往来函件、通知和答复等。⑧ 工程各项会议纪要。⑨ 发包人或者工程师（监理人）发布的各种确认书和书面指令，以及承包人的要求、请求及通知书等。⑩ 气象报告和资料，如关于温度、风力、雨雪的资料。⑪ 投标前发包人提供的现场资料和参考资料。⑫ 各种验收报告和技术鉴定等。⑬ 工程核算资料、财务报告和财务凭证等。⑭ 其他，如官方发布的物价指数、汇率及规定等。

2. 索赔成立的条件

（1）索赔成立的前提条件。

索赔成立应该同时具备以下 3 个前提条件：

1）同合同对照，事件已造成了承包人工程项目成本的额外支出或直接工期损失。

2）导致费用增加或工期损失的原因，根据合同约定不属于承包人的行为责任或风险责任。

3）承包人根据合同规定的程序和时间提交索赔意向通知和索赔报告。

（2）构成施工项目索赔条件的事件。

承包商可以提起索赔的事件有以下几类：

1）因发包人违反合同造成承包人时间、费用的损失。

2）因工程变更（含设计变更、发包人提出的工程变更和监理工程师提出的工程变更，以及承包人提出并经监理工程师批准的变更）造成的时间、费用损失。

3）由于监理工程师对合同文件的歧义解释、技术资料不确切，或因不可抗力导致施工条件的改变，造成了时间、费用的增加。

4）因发包人提出提前完成项目或缩短工期使承包人的费用增加。

5）因发包人延误支付期限造成承包人的损失。

6）合同规定以外的项目进行检验并检验合格，或非承包人的原因导致项目缺陷的恢复所产生的损失或费用。

7）非承包人的原因导致工程暂时停工。

8）物价上涨、法规变化及其他。

4.7.3.2　施工合同索赔的程序

在工程实施过程中发生索赔事件以后，或者承包人发现索赔机会，应根据合同约定依照程序提交有关书面索赔文件，否则将失去该事件请求补偿的索赔机会。

1. 索赔意向通知和索赔通知

根据《建设工程施工合同（示范文本）》，承包人应在知道或者应当知道索赔事件发生后28日内，向监理人以书面形式递交索赔意向通知书，简明扼要地说明以下内容，这是索赔工作程序的第一步。

（1）索赔事件发生的时间、地点及简单事实情况描述。

（2）索赔事件的发展动态。

（3）索赔依据及理由。

（4）索赔事件对工程成本和工期造成的不利影响。

根据合同约定，承包人认为有权得到追加付款和（或）延长工期的，应依照以下程序向发包人提出索赔。

（1）承包人须在发出索赔意向通知书后28日内，向监理人正式递交索赔通知书。若承包人未在此期间发出索赔意向通知书，则丧失要求追加付款和（或）延长工期的权利。

（2）索赔通知书要详细说明索赔理由以及要求追加的付款金额和（或）延长的工期，并附必要的记录和证明材料。

（3）索赔事件具有连续影响的，承包人要按合理时间间隔继续递交延续索赔通知，并说明连续影响的实际情况和记录，列出累计的追加付款金额和（或）工期延长天数。

（4）在索赔事件影响结束后的28日内，承包人须向监理人递交最终索赔通知书，说明最终要求索赔的追加付款金额和延长的工期，并附必要的记录和证明材料。

2. 索赔资料的准备

索赔资料的准备包括索赔资料准备阶段、索赔文件的主要内容以及编写索赔文件注意事项，其具体内容如表4-40所示。

索赔资料的准备工作　　　　　　　　　　　　　　　　　表4-40

项目	内容
索赔资料准备阶段	（1）跟踪和调查干扰事件，掌握事件发生的详细经过； （2）分析干扰事件发生的原因，划清各方责任，确定索赔依据； （3）调查分析与计算损失或损害，确定工期索赔和费用索赔值； （4）收集证据，获得充分有效的各种证据； （5）起草索赔文件索赔报告
索赔文件的主要内容	（1）总述部分：概述索赔事项发生的日期和过程；承包人为该索赔事项付出的努力和附加开支；承包人的具体索赔要求。 （2）论证部分：索赔报告的关键是论证部分，目的在于说明自己有索赔权，是索赔能否成立的关键。 （3）索赔款项或工期计算部分：如果说索赔报告论证部分的任务是解决索赔权能否成立，则款项计算是为解决能得多少款项。前者定性，后者定量。 （4）证据部分：注意引用的每个证据的效力或可信程度，对重要的证据资料附以文字说明，或附以确认件
编写索赔文件注意事项	（1）责任分析应清楚、准确； （2）索赔额的计算依据要准确，计算结果要准确； （3）提供充分有效的证据材料

3. 索赔文件的提交与审核

索赔文件的提交与审核的主要内容如表4-41所示。

索赔文件的提交与审核　　　　　　　　　　　　　　　　　　　表 4-41

事项	内　　　容
索赔文件的提交	提出索赔的一方应在合同规定的时限内向对方提交正式的书面索赔文件。承包人必须在发出索赔意向通知后的 28 日内或经监理工程师同意的其他合理时间内向监理工程师提交一份详细的索赔文件及有关资料。若干扰事件对工程的影响持续时间长，承包人则应根据监理工程师要求的合理间隔（一般为 28 日），提交中间索赔报告，并在干扰事件影响结束后的 28 日提交一份最终索赔报告，否则将失去该事件请求补偿的索赔权利
索赔文件的审核	索赔文件应由监理工程师审核。监理工程师依据发包人的委托或授权，对承包人的索赔要求进行审核和质疑，其审核和质疑主要包括以下几个方面： （1）索赔事件的责任是属于业主、监理工程师还是第三方的； （2）合同和事实的依据是否充分； （3）承包商有没有采取适当的措施避免或减少损失； （4）是否需要补充证据； （5）索赔计算是否正确、合理

4. 承包人提出索赔的期限

承包人提出索赔的期限有两个需要注意的事项：

（1）承包人根据合同约定接受了竣工付款证书后，应被认为已无权再提出在合同工程接收证书颁发前所产生的任何索赔。

（2）承包人根据合同约定提交的最终结清申请单中，仅限于提出工程接收证书颁发后产生的索赔。提出索赔的期限于接受最终结清证书时终止。

5. 反索赔与反击或反驳

反索赔的工作内容包括防止对方提出索赔和反击或反驳对方的索赔要求两个方面。

（1）防止对方提出索赔：

1）严格履行合同规定的各项义务，防止违约，并通过加强合同管理，使对方找不到索赔的理由和依据，使自己不能被索赔。

2）当在工程实施过程中发生了干扰事件，应即刻对合同依据进行研究和分析，收集证据，为提出索赔和反索赔做好准备。

（2）反击或反驳对方索赔要求的常用措施如下：

1）利用对方的失误，直接向对方提出索赔，以对抗或平衡对方的索赔要求，以求在最终解决索赔时互相让步或者互不支付。

2）针对对方的索赔报告，应仔细、认真地研究和分析，找出理由和证据，证明对方索赔要求或索赔报告与实际情况和合同规定不符合，没有合同依据或事实证据，索赔值计算不准确或不合理等问题，反击对方的不合理索赔要求，推卸或减轻自己的责任，使自己不受或少受损失。

（3）对索赔报告的反击或反驳要点有以下几个：

1）索赔要求或报告的时限性。审查对方在干扰事件发生后是否在索赔时限内及时提出索赔要求或报告。

2）索赔事件的真实性。

3）干扰事件的原因、责任分析。经调查分析，如果是索赔者自己的责任，则索赔不能成立；如果是合同双方都有责任，则应按各自的责任大小分担损失。

4）索赔理由分析。分析对方的索赔要求是否与合同条款或相关法规一致，所受损失是否属于非对方负责的原因造成。

5）索赔证据分析。分析对方所提供的证据的真实性、有效性、合法性，能否证明索赔要求成立。

6）索赔值审核。如果经过上述的各种分析和评价，仍无法否定对方的索赔要求，则必须认真细致地审核索赔报告中的索赔值，审核的重点为索赔值的计算方法是否合情合理、各种取费是否合理适度、有无重复计算、计算结果是否准确等。

【案例 4-11】

某景观施工合同规定，业主给承包商提供图纸 8 套，承包商由于在施工中图纸损耗过多，已经没有剩余的图纸作为竣工图，于是要求业主再提供图纸 3 套。业主同意继续提供 3 套。

问题：

请问施工图纸的费用由谁来承担？

分析：

施工合同约定业主提供 8 套图纸给承包商，这 8 套图纸的费用由业主支付。而承包商由于在施工中图纸损耗过多，已经没有剩余的图纸作为竣工图，于是要求业主再提供图纸 3 套，这 3 套应该由业主复制给承包商，但是复制费用应该由承包商承担。

【案例 4-12】

某园林绿化施工合同约定，施工现场应有施工挖掘机一台，由施工企业租得，台班单价为 300 元 / 台班，租赁费为 100 元 / 台班，人工工资为 40 元 / 工日，窝工补贴为 10 元 / 工日，以人工费为基数的综合费率为 35%。在施工过程中，发生了如下事件：（1）出现异常恶劣天气导致工程停工 2d，人员窝工 30 个工日；（2）因恶劣天气导致场外道路中断，抢修道路用工 20 工日；（3）场外大面积停电，停工 2d，人员窝工 10 工日。

问题：

施工企业可向业主索赔费用为多少？

分析：

（1）异常恶劣天气导致的停工通常不能进行费用索赔。

（2）抢修道路用工的索赔额 ＝ 20×40（1＋35%）＝ 1080 元。

（3）停电导致的索赔额 ＝ 2×100＋10×10 ＝ 300 元。

总索赔费用 ＝ 1080＋300 ＝ 1380 元。

第5章　园林绿化工程竣工验收与养护管理实务

5.1　园林绿化工程竣工验收

5.1.1　竣工图编制与实测

1. 竣工图的编制职责范围

竣工图应由施工单位负责编制，如行业主管部门规定设计单位编制或施工单位委托设计单位编制竣工图的，应明确规定施工单位和监理单位的审核和签认责任。

2. 竣工图的编制方法

（1）凡按施工图进行施工没有发生变更的工程，由施工单位负责在原施工图上加盖"竣工图"标志章，即作为竣工图。

（2）凡在施工中有一般性变更，能够在原施工图上加以修改补充的项目，可不重新绘制竣工图，由施工单位在原施工图上更改，注明修改和补充后的实际情况，并附设计变更通知书、设计变更记录和施工说明，然后盖上竣工图章后即作为竣工图。

（3）项目发生重大变更或全部修改，不宜在原施工图上进行修改补充的，应重新实测改变后的竣工图。因设计原因造成的由设计单位负责重新绘制；因施工原因造成的，则由施工单位负责重新绘图；由其他原因造成的，由建设单位自行绘制或委托设计单位绘制。施工单位负责在新图上加盖"竣工图"章，并附有关记录和说明。

3. 竣工图图纸内容

（1）图纸目录中应包含：项目名称、建设单位、设计单位、档案号、工程号、图纸序号、图幅、图别及出图日期等。

（2）设计说明包含：竣工设计依据和竣工设计要求，各专业设计说明（绿化竣工说明、景观给排水竣工设计说明、景观工程电气竣工设计说明等），竣工图范围，标高关系，在施工过程中变更需特别说明的情况，用地指标（总占地面积、建筑占地面积、绿地面积、道路面积、铺地面积、水体面积、绿地率等）。

（3）总图：根据现场如实地定位出各建筑的位置和整个施工现场外围红线的位置，以保证施工总面积的正确。总图上要表达出：建筑、主要车行道路、景观园路、景观小品、排水设施（雨箅子）、配套设施（坐凳、垃圾筒、成品花盆等）。

（4）铺装图：按合适的比例在总图的基础上如实地反映出铺装面积。地面各种铺装以面积计算（可分为规则形状和不规则形状计算）。路缘石、条石、压顶板都按"m"计算。涉及踏步侧立面，平台立面的铺装需绘制断面图，在铺装总图上需文字说明。

（5）植物图：根据现场苗木定位绘图。对于乔木，在图纸上正确的表示出名称、数量、胸径、高度、冠幅。灌木要正确的表示出名称、数量、高度、冠幅。灌木和地被按"m^2"计算，需反映出每平方米平均数量（平均数量按每 10m² 或每 100m² 数综合计算取平均值）。图纸上所表达的植物数量和规格需和植物名录表的数量和规格相吻合。

（6）水电图：水电竣工后一般都是隐蔽工程，竣工图主要依据施工项目经理所提供的线路、回路走向绘制。图纸上按现场现状就大原则表示，涉及道路，场地排水需明确连通的排水点，相应市政或甲方的雨、污水井需表明非我方施工。立面尺寸、断面尺寸无法表示，需附上说明并在图纸上用文字标明名称、数量和位置。对于排水、电气材料表上所列出的材料名称数量（如：球阀、蝶阀、水表、水龙头等）也需在图纸上用文字明确的标注出其位置和数量。

（7）小品大样图：结合施工员、技术负责人提供的隐蔽部分，结合预算知识，按现场尺寸如实地反映出满足结算的竣工小品图。

5.1.2 园林绿化工程档案编制要求

1. 施工技术资料整理

（1）绿化工程项目：

1）工程概况；

2）工程开工报告；

3）图纸会审、设计变更、洽商记录；

4）设计交底记录；

5）苗木合格证（苗圃名称、苗木名称、规格、数量以及外地购进苗木的检验报告等）；

6）苗木进场复验报告；

7）种植土、苗木、种植等各分项质量评定；

8）现场签证单；

9）单位工程质量综合评定表；

10）单位工程观感质量评定表。

（2）建筑工程项目：参见《建筑工程施工质量验收资料》。

（3）古建筑及仿古建筑工程项目：参见《建筑工程施工质量验收资料》及《古建筑修建工程质量检验评定标准》。

（4）市政工程项目：参见《市政基础设施工程施工技术文件汇编》。

2. 施工技术存档文件及备案资料的组卷

施工技术存档文件及备案资料的组卷，文件材料较多时可以分册装订，按如下目录进行整理：

（1）公共部分：

1）工程概况；

2）工程项目施工管理人员名单；

3）施工组织设计、施工方案审批表；

4）开工报告；

5）竣工报告；

6）图纸会审、设计变更、洽商记录汇总表；

7）竣工图；

8）工程验收表；

9）事故报告。

（2）绿化项目：

1）单位工程质量综合评定表；

2）单位工程观感质量评定表。

（3）古建筑及仿古建筑项目：

1）工程质量控制资料同土建项目，且要提供木材含水率与材质检测报告、瓦件及油漆涂料出厂合格证或试验报告汇总表。

2）工程质量验收记录：① 质量验收总表部分（全部）；② 地基、基础与台基分部工程质量验收记录；③ 主体分部工程质量验收记录；④ 地面与楼面分部工程质量验收记录；⑤ 装饰分部工程质量验收记录；⑥ 屋面分部工程质量验收记录。

（4）土建项目：

1）工程质量控制资料：① 钢材合格证和复试报告汇总表；② 水泥出厂合格证、复试报告汇总表；③ 砖（砌块）出厂合格证或试验报告汇总表；④ 混凝土外加剂（及其他材料）产品合格证、出厂检验报告和复验报告汇总表；⑤ 混凝土试块试压报告汇总表；⑥ 混凝土强度评定表；⑦ 砂浆强度汇总评定表。

2）土建工程安全和功能检验资料。

3）工程质量验收记录：① 质量验收总表；② 地基与基础分部工程质量验收记录；③ 主体结构分部工程质量验收记录；④ 装饰分部工程质量验收记录；⑤ 屋面分部工程质量验收记录。

（5）市政项目：

1）质评表：① 单位工程质量评定表；② 单位工程、部位、工序划分表；③ 工序质量评定汇总表。

2）质检表：① 焊缝质量综合评级汇总表；② 道路工程测量记录汇总表；③ 井内尺寸管底高程测量记录汇总表。

3）试验表：① 主要原材料及构配件出厂证明及复试报告目录；② 有见证试验汇总表；③ 混凝土强度（性能）试验汇总表；④ 砂浆试块强度试验汇总表；⑤ 土壤压实度试验记录汇总表。

4）施工记录表。

（6）电气项目：

1）建筑电气子分部工程质量验收记录；

2）建筑电气分项工程质量验收记录；

3）建筑电气工程材料、设备、器具出厂合格证及进场检（试）验报告汇总表。

（7）给水、排水项目：

1）建筑给水排水及采暖子分部工程质量验收记录；

2）建筑给水排水及采暖分项工程质量验收记录；

3）建筑给水排水及采暖工程材料、设备、器具合格证、质保书及进场检（试）验报告汇总表。

（8）备案部分：

1）工程竣工验收备案表；

2）工程竣工报告（施工单位）；

3）单位工程竣工验收报告（建设单位）；

4）工程质量监理、勘察、设计报告；

5）有关质量检测和功能性试验资料；

6）法律、行政法规规定必须提供的文件；

7）施工单位签署的工程质量保修书；

8）工程质量核定证书；

9）抢修、抢险及其他突击性工程由于种种原因缺少有关非主要文件，可持上级主管部门的说明材料。

3. 文件组卷入档要求

卷内文件按 A4 纸的规格整理，装入档案盒内。

5.1.3 园林工程竣工验收要求

1. 竣工验收有关材料的准备工作

（1）工程竣工后，施工单位应按照国家现行的有关验收规范、评定标准全面检查所承建工程的质量，自评工程质量等级、填写《工程竣工验收申请表》，经工程项目负责人、施工单位法定代表人和技术负责人签字并加盖单位公章后，提交监理单位核查，监理单位在 5 个工作日内审核完毕，经总监理工程师签署意见后，报送建设单位。

（2）监理单位应具备完整的监理资料，并对监理的工程质量进行评估，提出《工程质量评估报告》，经总监理工程师和法人代表审核签名并加盖公章后，提交建设单位。

（3）勘察、设计单位对勘察、设计文件及施工过程中由设计单位签署的设计变更通知书进行检查，并向建设单位提出质量检查报告。质量检查报告应经该项目勘察、设计单位负责人审核签名并加盖公章，提交建设单位。

（4）建设单位在组织工程竣工验收前必须按国家有关规定，提请规划、公安消防、环保等部门进行专项验收，取得合格文件或准许使用文件。

（5）工程验收组制定验收方案，并在计划竣工验收 15 个工作日前将验收组成员名单、验收方案连同工程技术资料和《工程竣工验收条件审核表》提交质监机构检查，质监机构应在 7 个工作日内审查完毕。对不符合验收条件的，发出整改通知书，待整改完毕后，再行验收。对符合验收条件的，可按原计划如期进行验收。

2. 竣工验收依据

（1）建设方面的法律、行政法规、地方法规、部门规章。

（2）工程所在地建设行政主管部门、行业行政主管部门发布的规范性文件。

（3）园林绿化工程质量标准、技术规范。

（4）政府有关职能部门对该工程的批准文件。

（5）经审查批准的工程设计（含设计变更）、概（预）算文件。

（6）工程合同。

3. 竣工验收会

（1）建设、勘察、设计、施工、监理单位分别向验收组汇报工程合同履约情况和在工程建设各个环节执行法律、法规和工程建设强制性标准情况。

（2）验收组审阅建设、勘察、设计、施工、监理单位的工程档案资料。

（3）实地查验工程质量。

（4）对工程勘察、设计、施工、监理质量作出全面评价，形成经验收组成员签署的工程竣工验收意见，由建设单位提出《工程竣工验收报告》。参与工程竣工验收的建设、勘察、设计、施工、监理等各方不能达成一致意见时，应当协商提出解决的办法，待意见一致后，重新组织工程竣工验收。

（5）列入城建档案馆接收范围的工程，建设单位应当在工程竣工验收备案后 3 个月内，向城建档案馆报送一套符合规定的工程建设档案。

4. 竣工验收报告

竣工验收报告的内容主要包括：工程概况，建设单位执行基本建设程序情况，对工程勘察、设计、施工、监理等方面的评价，工程竣工验收时间、程序、内容和组织形式，工程竣工验收意见等内容。

5. 竣工验收的监督管理

（1）国务院建设行政主管部门负责全国工程竣工验收的监督管理工作。

（2）县级以上地方人民政府建设行政主管部门负责本行政区域内工程竣工验收的监督管理工作。

（3）县级以上地方人民政府建设行政主管部门应当委托工程质量监督机构对工程竣工验收实施监督。工程质量监督机构对工程竣工验收的有关资料、组织形式、验收程序、执行验收标准等情况实施现场监督。发现工程竣工验收有违反国家法律、法规和强制性技术标准行为或工程存在影响结构安全和严重影响使用功能的，存在隐患的，责令整改，并将对工程竣工验收的监督情况作为工程质量监督报告的主要内容。工程质量监督机构应当在工程竣工验收之日起 5 个工作日内，向备案机关提交《工程质量监督报告》。

5.1.4　园林绿化工程竣工备案的有关规定

1. 园林绿化工程竣工备案由来与内容

（1）施工单位在单位工程完工后，经自检合格并达到竣工条件后，填写《单位工程竣工预验收报验表》，并附加相应的竣工资料，向监理单位申请竣工预验收。

竣工资料包括《单位（子单位）工程质量控制资料核查记录》《单位（子单位）工程安全功能和植物成活要素检查资料核查及主要功能抽查记录》《单位（子单位）工程观感质量检查记录》《单位（子单位）工程植物成活率统计记录》。

（2）监理单位（总监）收到《单位工程竣工预验收报验表》后，及时组织预验收。内容包括：对工程实体检查验收、对《单位（子单位）工程质量控制资料核查记录》《单位（子单位）工程安全功能和植物成活要素检查资料核查及主要功能抽查记录》《单位（子单位）工程观感质量检查记录》《单位（子单位）工程植物成活率统计记录》内容进行核查。

通过预验收后，施工单位编写《工程质量竣工报告》；监理单位编写《质量评估报告》。监理单位及时编制《单位工程竣工预验收报验表》，并汇齐附件报建设单位准备工程竣工验收。附件包括：

1）《工程质量竣工报告》及竣工图；

2）《工程质量评估报告》。

（3）建设单位收到上述文件后，及时编制《竣工验收通知单》，报质监站。其中《竣工验收通知单》附件包括：

1）施工单位编制的《工程质量竣工报告》及工程竣工总平面图；

2）监理单位编制的《工程质量评估报告》；

3）勘察、设计单位编制的《工程质量检查报告》；

4）《单位（子单位）工程质量控制资料核查记录》《单位（子单位）工程安全功能和植物成活要素检查资料核查及主要功能抽查记录》《单位（子单位）工程观感质量检查记录》《单位（子单位）工程植物成活率统计记录》。

（4）质监站确认竣工验收方案，并在《竣工验收通知单》上签署意见。

（5）建设单位组织小组成员进行竣工验收，并形成《单位（子单位）工程质量验收记录》，质监站开展同步监督，并形成《工程竣工验收监督检查记录表》。

（6）建设单位在验收完成后 7 个工作日持《竣工报告》《单位（子单位）工程质量验收记录》报质监站存档，15 个工作日内持《×××工程园林绿化工程竣工验收备案表》到当地园林绿化局办理备案手续。《工程竣工验收备案表》由建设单位、城建档案部门、质量监督机构和备案机关各存一份。

2. 竣工验收备案相关处罚规定

根据《房屋建筑工程和市政基础设施工程竣工验收备案管理暂行办法》（原建设部第 78 号令）的规定，对竣工验收备案存在问题，有如下处罚规定：

（1）建设单位在工程竣工验收之日起 15 个工作日内未办理竣工验收备案的，备案机关责令限期改正，处 20 万元以上 30 万元以下罚款。

（2）建设单位将备案机关决定重新组织竣工验收的工程，在重新组织竣工验收前，擅自使用的，备案机关责令停止使用，处工程合同价款 2% 以上 4% 以下罚款。

（3）建设单位采用虚假证明文件办理竣工验收备案的，竣工验收无效，备案机关责令停止使用，重新组织竣工验收，处 20 万元以上 50 万元以下罚款；构成犯罪的，依法追究刑事责任。

5.1.5 竣工结算与工程移交

1. 竣工结算

（1）《工程竣工验收报告》经发包人认可后的 28 日内，承包人向发包人递交竣工结算报告及完整的结算资料，双方按照协议书约定的合同价款及专用条款约定的合同价款调整内容，进行工程竣工结算。

（2）编制竣工结算应依据下列资料：

1）施工合同；

2）中标投标书的报价单；

3）施工图及设计变更通知单、施工变更记录、技术经济签证；

4）工程预算定额、取费定额及调价规定；

5）有关施工技术资料；

6）工程竣工验收报告；

7）工程质量保修书；

8）其他有关资料。

（3）项目经理部应做好竣工结算基础工作，指定专人对竣工结算书的内容进行检查。

（4）在编制竣工结算报告和结算资料时，应遵循下列原则：

1）以单位工程或合同约定的专业项目为基础，应对原报价单的主要内容进行检查和核对。

2）发现有漏算、多算或计算误差的，应及时进行调整。

3）多个单位工程构成的施工项目，应将各单位工程竣工结算书汇总，编制单项工程竣工综合结算书。

4）多个单项工程构成的建设项目，应将各单项工程综合结算书汇总编制建设项目总结算书，并撰写编制说明。

（5）工程竣工结算报告和结算资料，应按规定报企业主管部门审定，加盖专用章，在竣工验收报告认可后，在规定的期限内递交发包人或其委托的咨询单位审查。承发包双方应按约定的工程款及调价内容进行竣工结算。

（6）工程竣工结算报告和结算资料递交后，项目经理应按照"项目管理目标责任书"规定，配合企业主管部门督促发包人及时办理竣工结算手续。企业预算部门应将结算资料送交财务部门，进行工程价款的最终结算和收款。发包人应在规定期限内支付工程竣工结算价款。

（7）工程竣工结算后，承包人应将工程竣工结算报告及完整的结算资料纳入工程竣工资料，及时归档保存。

2. 工程移交

通过竣工验收程序，办完竣工结算后，承包人应在规定期限内向发包人办理工程移交手续。

5.2　建设档案管理与报送的规定

5.2.1　建设档案管理与报送规定

（1）建设、勘察、设计、施工、监理等单位将本单位在工程建设过程中形成的文件向本单位档案管理机构移交；

（2）勘察、设计、施工、监理等单位将本单位在工程建设过程中形成的文件向建设单位档案管理机构移交；

（3）建设单位按照现行《建设工程文件归档整理规范》要求，将汇总的该建设工程文件档案向地方城建档案管理部门移交。

5.2.2　建设档案管理职责

各参建单位及档案管理部门职责如表 5-1 所示。

建设档案管理职责　　　　　　　　　表 5-1

单位	职　责
通用职责	（1）工程各参建单位填写的建设工程档案应以施工及验收规范、工程合同、设计文件、工程施工质量验收统一标准等为依据。 （2）工程档案资料应随工程进度及时收集、整理，并应按专业归类，认真书写，字迹清楚，项目齐全、准确、真实，无未了事项。表格应采用统一表格，特殊要求需增加的表格应统一归类。 （3）工程档案资料进行分级管理，建设工程项目各单位技术负责人负责本单位工程档案资料的全过程组织工作并负责审核，各相关单位档案管理员负责工程档案资料的收集、整理工作。 （4）对工程档案资料进行涂改、伪造、随意抽撤或损毁、丢失等，应按有关规定予以处罚，情节严重的，应依法追究法律责任

单位	职 责
建设单位职责	（1）在工程招标及与勘察、设计、监理、施工等单位签订协议、合同时，应对工程文件的套数、费用、质量、移交时间等提出明确要求。 （2）收集和整理工程准备阶段、竣工验收阶段形成的文件，并应进行立卷归档。 （3）负责组织、监督和检查勘察、设计、施工、监理等单位的工程文件的形成、积累和立卷归档工作；也可委托监理单位监督、检查工程文件的形成、积累和立卷归档工作。 （4）收集和汇总勘察、设计、施工、监理等单位立卷归档的工程档案。 （5）在组织工程竣工验收前，应提请当地城建档案管理部门对工程档案进行预验收；未取得工程档案验收认可文件，不得组织工程竣工验收。 （6）对列入当地城建档案管理部门接收范围的工程，工程竣工验收3个月内，向当地城建档案管理部门移交一套符合规定的工程文件。 （7）必须向参与工程建设的勘察设计、施工、监理等单位提供与建设工程有关的原始资料，原始资料必须真实、准确、齐全。 （8）可委托承包单位、监理单位组织工程档案的编制工作；负责组织竣工图的绘制工作，也可委托承包单位、监理单位、设计单位完成，收费标准按照所在地相关文件执行
监理单位职责	（1）应设专人负责监理资料的收集、整理和归档工作，在项目监理部，监理资料的管理应由总监理工程师负责。 （2）对施工单位的工程文件的形成、积累、立卷归档进行监督、检查
施工单位职责	（1）实行技术负责人负责制。 （2）建设工程实行总承包的，总承包单位负责收集。建设工程项目由几个单位承包的，各承包单位负责
地方城建档案管理部门职责	（1）负责接收和保管所辖范围应当永久和长期保存的工程档案和有关资料。 （2）负责对城建档案工作进行业务指导，监督和检查有关城建档案法规的实施。 （3）列入向本部门报送工程档案范围的工程项目，其竣工验收应有本部门参加并负责对移交的工程档案进行验收

5.2.3 建设工程档案编制质量要求与组卷方法

建设档案编制质量与组卷方法如表 5-2 所示。

建设工程档案编制质量与组卷方法 表 5-2

项目		要 求
归档文件的质量要求		（1）归档的工程文件一般应为原件。 （2）工程文件应采用耐久性强的书写材料，如碳素墨水、蓝黑墨水，不得使用易褪色的书写材料，如：红色墨水、纯蓝墨水、圆珠笔、复写纸、铅笔等。 （3）工程文件中文字材料幅面尺寸规格宜为A4幅面，图纸宜采用国家标准图幅。 （4）所有竣工图均应加盖竣工图章。 （5）利用施工图改绘竣工图，必须标明变更修改依据；凡施工图结构、工艺、平面布置等有重大改变，或变更部分超过图面1/3的，应当重新绘制竣工图
归档工程文件的组卷要求	立卷的原则和方法：	（1）一个建设工程由多个单位工程组成时，工程文件应按单位工程组卷。 （2）立卷采用的方法：竣工图可按单位工程、专业等组卷；监理文件可按单位工程、分部工程、专业、阶段等组卷。 （3）立卷过程中宜遵循下列要求： 1）案卷不宜过厚，一般不超过40mm； 2）案卷内不应有重份文件，不同载体的文件一般应分别组卷

续表

项目		要　求
归档工程文件的组卷要求	卷内文件的排列	（1）文字材料按事项、专业顺序排列。同一事项的请示与批复、同一文件的印本与定稿、主件与附件不能分开，并按批复在前、请示在后，印本在前、定稿在后，主件在前、附件在后的顺序排列。 （2）图纸按专业排列，同专业图纸按图号顺序排列。 （3）既有文字材料又有图纸的案卷，文字材料排前，图纸排后
	案卷的编目	（1）页号编写位置：单页书写的文字在右下角；双面书写的文件，正面在右下角，背面在左下角。折叠后的图纸一律在右下角。案卷封面、卷内目录、卷内备考表不编写页号。 （2）保管期限分为永久、长期、短期三种期限。永久是指工程档案永久保存。长期是指工程档案的保存期等于该工程的使用寿命。短期是指工程档案保存 20 年以下。 （3）工程档案套数一般不少于两套，一套由建设单位保管，另一套原件要求移交当地城建档案管理部门保存。密级分为绝密、机密、秘密三种。同一案卷内有不同密级文件的，应以高密级为本卷密级。 （4）卷内目录、卷内备考表、卷内封面应采用 70g 以上白色书写纸制作

5.2.4　建设工程档案资料验收与移交的程序与内容

建设工程档案资料验收与移交的程序及内容如表 5-3 所示。

工程档案资料验收与移交的程序与内容

表 5-3

项目	具　体　要　求
档案验收	（1）列入城建档案管理部门档案接收范围的工程，建设单位在组织工程竣工验收前，应提请城建档案管理部门对工程档案进行预验收。建设单位未取得城建档案管理部门出具的认可文件，不得组织工程竣工验收。 （2）城建档案管理部门在进行工程档案预验收时，应重点验收以下内容： 1）工程档案分类齐全、系统完整； 2）工程档案的内容真实、准确地反映工程建设活动和工程实际状况； 3）工程档案已整理立卷，立卷符合现行《建设工程文件归档整理规范》的规定； 4）竣工图绘制方法、图式及规格等符合专业技术要求，图面整洁，盖有竣工图章； 5）文件的形成、来源符合实际，要求单位或个人签章的文件，其签章手续完备； 6）文件材质、幅面、书写、绘图、用墨、托裱等符合要求。 （3）国家、省市重点工程项目或一些特大型、大型的工程项目的预验收和验收，必须有地方城建档案管理部门参加。 （4）编制单位、制图人、审核人、技术负责人必须进行签字或盖章。对不符合技术要求的，一律退回编制单位进行改正、补齐，问题严重者可令其重做。 （5）凡报送的工程档案，如验收不合格，将其退回建设单位，由建设单位责成责任者重新进行编制，待达到要求后重新报送。 （6）地方城建档案管理部门负责工程档案的最后验收
档案移交	（1）列入城建档案管理部门接收范围的工程，建设单位在工程竣工验收后 3 个月内向城建档案管理部门移交一套符合规定的工程档案。 （2）停建、缓建工程的工程档案，暂由建设单位保管。 （3）施工单位、监理单位等有关单位应在工程竣工验收前按工程档案合同或协议规定的时间、套数移交给建设单位，办理移交手续

【案例 5-1】

园林工程竣工验收材料中有一项重要的材料——《工程质量评估报告》，主要内容有工程概况、工程参建单位（建设单位或代建单位、设计单位、审计单位、监理单位、施工单位）、工程质量验收情况、工程质量事故及其处理情况、竣工资料审查情况、工程质量评估结论。

问题：

（1）参照有关内容要求，试撰写《工程质量评估报告》。

（2）代建单位的含义？

分析：

（1）《工程质量评估报告》撰写案例。

1）工程概况。工程名称：都市田园工程；施工面积：7.2 hm²；施工内容：绿化种植、园林景观构筑物及其他造景、园林道路、园林给水排水、园林用电、蔬菜种植、儿童娱乐设施；开工日期：2019 年 5 月 3 日；竣工日期：2019 年 9 月 30 日；建设单位：×××；设计单位：×××；审计单位：×××；监理单位：×××；施工单位：×××；

2）监理质量评估依据：① 本工程建设工程委托监理合同。② 业主提交的本工程设计图及说明、相关设计变更联系单。③《建设工程施工质量验收统一标准》GB 50300—2013。④《江苏省园林绿化工程质量评定标准》。⑤《植物检疫条例》。

3）工程质量验收情况：① 现场施工人员配备基本满足工地要求，各类特殊工种人员上岗证齐全。② 所有施工机械满足施工要求，经相关部门验收合格后使用，所有测量施工仪器都有检验合格证。③ 监理对工程实体质量采取了旁站巡视、平行检查和发现问题照片发微信群等形式进行监督管理，严格把控质量关。④ 本工程所有土建主材辅材质保资料齐全，水电管线合格，见证取样复试合格，苗木，种植土均为合格产品，分项隐蔽工程验收记录齐全，验收合格。监理实测符合要求。⑤ 对工程主要乔木、灌木、草坪、微地形、园路、广场、建筑小品、水景和儿童游乐设施等进行了检验，并按照施工合同，设计文件及园林绿化景观工程相关标准，对部分分项工程或工序及时进行验收和签认。并抽查主要功能，观感质量，确认该分部工程质量符合施工验收规范要求。经过预验收，认为都市田园园林景观工程已基本具备竣工验收条件。⑥ 安全文明施工：文明施工进行检查，发现安全隐患问题，及时把照片信息上到微信群，第一时间通知整改。实施过程中未发生安全事故。

4）工程质量控制资料。质量保证资料符合设计及规范要求，完整齐全，植物检疫证书及综合资料齐全。

5）评估结论。本景观绿化观感质量评定为：（好）。绿化工程质量评定为：（合格）

6）附件材料：略。

（2）代建单位。

代建单位是指我国大多数地方采用的，指针对政府投资超过一定比例的项目，由政府投资主管部门组织，采用招标或委托的方式确定。

代建单位以控制项目投资额、保证项目工期及质量为建设目标，在投资人、使用单位、财政、审计、监察等部门的监督下负责项目的建设实施，竣工验收后移交给使用单位。代建制的实施一般采用合同管理方式，要求代建单位在难以达成建设目标时承担相应经济责任。

【案例 5-2】

建设工程档案指：在工程建设活动中直接形成的具有归档保存价值的文字、图表、声像等各种形式的历史记录，也可简称工程档案。建设工程信息管理基本环节有：信息的收集、传递、加工、整理、检索、分发、存储。园林工程竣工资料的整理归档，是实现园林工程信息化管理的重要基础。

问题：撰写园林工程竣工资料目录。

分析：

竣工资料包括前期资料、施工文件和竣工验收文件：

（1）第一卷：前期文件。

1）工程立项报告。

2）工程立项批复文件。

3）招投标文件。

4）施工合同及施工预算。

5）地质水文勘测文件。

6）其他文件。

（2）第二卷：施工文件。

1）工程开工报告。

2）施工组织设计或施工方案及审批。

3）图纸会审、技术交底记录。

4）原材料、半成品、成品出厂证明书或试（检）验报告。试（检）报告包括：① 绿化工程：土壤及水质化验报告等；外地购进苗木的检验报告；苗木、草坪、花卉等材料现场验收记录。② 园路工程：砂、石试验报告；水泥、钢材出厂合格证和试验报告；路面各种材料、侧石、缘石、水泥砌块等出厂合格证；水泥混凝土、砂浆配合比试验报告；水泥混凝土、砂浆抗压强度试验报告。③ 园林小品工程：砂、石试验报告；水泥、钢材出厂合格证和试验报告；水泥混凝土构件普通砖出厂合格证；水泥混凝土、砂浆配合比试验报告；水泥混凝土、砂浆抗压强度试验报告；钢筋焊接试验报告；试桩试验报告。

5）施工记录：① 绿化工程：用于地形改造清理出的弃土和调入的种植用土；种植植物的定点、放线位置；种植乔、灌木所开挖的坑槽、铺设草坪、种植花卉、地被植物的整地情况；种植园林植物更换种植土和施基肥的数量（应在种植槽开挖和种植植物前进行）。② 园路工程：路床、路基、基层、面层高程测量记录；路床、路基、基层、面层质量检验记录。③ 园林小品工程：定点放线记录；混凝土浇筑记录；构件安装记录；各道工序质量检验记录；竣工测量记录。

6）水准点位置、定位测量记录、沉降观察记录及位移观察记录、测量复核及预检记录。

7）隐蔽工程验收记录。

8）中间验收、签证的各种计量依据和签证材料，对监理工程师指示的答复。

9）工程质量评定资料。

10）使用功能试验记录。

11）设计变更、洽商记录。

（3）第三卷：竣工验收文件。

1）工程竣工报告。

2）工程竣工图纸（单独装订）和工程决算。

3）工程竣工总结。

4）工程竣工照片。

5）重大工程质量事故处理意见。

6）工程竣工验收鉴定书。

7）工程竣工质量核定证书。

【案例5-3】

某文化广场施工项目，建设单位通过公开招标方式选定了施工总承包单位和监理单位，并按规定签订了施工总承包合同和监理委托合同。工程完工后承包人于2018年7月15日向监理人递交了竣工验收申请报告，8月10日竣工验收合格，8月18日发包人签发了工程验收证书。

在招投标及合同履行过程中，发生了下列事件：

事件1：施工总承包单位进场前与项目部签订了《项目管理目标责任书》，授权项目经理实施全面管理，项目经理组织编制了项目管理规划大纲和项目管理实施规划。

事件2：监理工程师在审查施工组织总设计时，发现其总进度计划部分仅有网络图和编制说明。监理工程师认为该部分内容不全，要求补充完善。

事件3：由于建设单位原因修改设计导致停工20d。设计变更后，施工单位及时向监理工程师提出了费用索赔申请（如表5-4所示），索赔内容和数量经监理工程师审查符合实际情况。

费用索赔   表5-4

序号	内容	数量	计算式	备注
1	机械设备闲置费补偿	20台班	20×240＝4800元	台班费240元/台班
2	人工窝工费	500工日	500×85＝42500元	人工工日单价85元/工日

问题：

（1）根据《建设工程施工合同（示范文本）》通用条款，该工程的实际竣工日期、保修期起算日分别为哪一天？

（2）事件2中，施工单位应对施工总进度计划补充那些内容？

（3）事件3中，费用索赔申请表中有哪些不妥之处？分别说明理由。

（4）指出事件1中的不妥之处，并说明正确做法，编制《项目管理目标责任书》的依据有哪些？

分析：

（1）工程的实际竣工日期为竣工验收申请报告递交时间，即7月15日，保修期则自验收通过之日起计算，即8月10日。

（2）总进度计划内容：编制说明，施工总进度计划表（图），分期（分批）实施工程的开、竣工日期及工期一览表，资源需要量及供应平衡表等。

（3）不妥之处：

1）机械闲置费补偿按照台班费计算索赔费用不妥。理由是：如是自有设备，索赔费应按照折旧费计算索赔费用或考虑降效。如是租赁设备，按照租赁费计算。

2）人工窝工费补偿按照人工工日单价计算索赔费用不妥。

3）理由是：窝工应考虑降效，计算时人工工日单价按窝工单价计算，不能按工作状态计费。

（4）不妥之处一：

1）总承包单位进场前与项目部签订了《项目管理目标责任书》；正确做法：总承包单位在项目实施之前，由企业法定代表人或其授权人与项目经理协商制定《项目管理目标责任书》。

2）不妥之处二：项目经理组织编制了项目管理规划大纲和项目管理实施规划。正确做法：企业管理层在投标之前，编制项目管理规划大纲。项目经理在开工之前，组织编制项目管理实施规划。

3）编制项目管理目标责任书依据：项目合同文件，组织的管理制度，项目管理规划大纲，组织的经营方针和目标。

5.3　园林绿化工程养护管理

5.3.1　园林绿化工程养护管理意义

园林植物养护管理是根据园林植物的生物学特性与生长规律，为达到特定的景观效果与生态服务功能，而采取的一系列技术处理措施和人为控制行为。

园林植物的养护与管理一般分为：养护管理与维护管理。养护管理主要是针对园林植物，维护管理主要是针对综合环境、人为活动干扰等。

（1）及时科学的养护管理可以克服园林植物在种植过程中对植物枝叶、根系所造成的损伤，保证成活，迅速恢复生长势，是充分发挥景观美化效果的重要手段。

（2）经常、有效、合理的日常养护管理，可以使园林植物适应各种环境因素，克服自然灾害和病虫害的侵袭，保持健壮、旺盛的自然长势，增强绿化效果，是发挥园林植物在园林中多种功能效益的有力保障。

（3）长期、科学、精心地养护管理，能预防园林植物的早衰，延长生长寿命，保持优美的景观效果，节省开支，是提高园林经济、社会效益的有效途径。

5.3.2　园林绿化工程养护管理的要求

园林绿化工程是园林工程中具有行业特色的工程之一，常被形容为城市绿色生命基础设施。由于选用的材料是植物，因此，园林绿化工程的养护管理分为施工期养护管理与移交后日常的养护管理。"三分种，七分养"，一项园林工程或一个园林作品能否达到理想的效果，最大限度地发挥绿地的综合功能，在很大程度上取决于养护管理水平的高低。养护管理工作在一定程度上或一定时期就是施工过程的延续，养护管理也可以说是一项对园林作品或园林绿地建设施工的完善与再加工的过程。园林绿化工程养护管理应结合施工的具体情况有针对性开展，确保苗木的成活以及良好的生长势，达到成景的目标。

5.3.3　园林绿化工程养护管理的内容

园林植物的养护管理的主要内容是指为了维持植物生长发育对诸如光照、温度、土壤、水分、肥料、气体等外界环境因子的需求所采取的土壤改良、松土、除草、水肥管理、越冬越夏、病虫防治、修剪整形、生长发育调节等诸多措施（图 5-1）。

园林植物的养护管理必须根据其生物学特性，了解其生长发育规律，结合当地的具体生态条件，制定出一套符合实际的科学、高效、经济的养护管理技术措施。

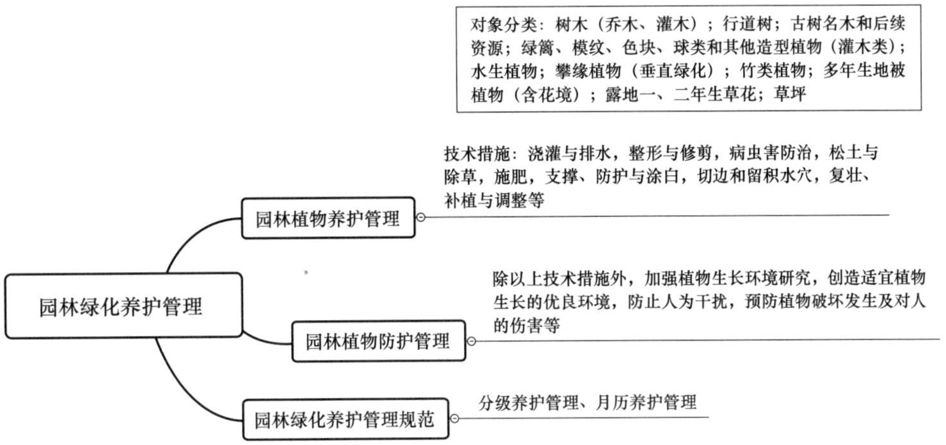

对象分类：树木（乔木、灌木）；行道树；古树名木和后续资源；绿篱、模纹、色块、球类和其他造型植物（灌木类）；水生植物；攀缘植物（垂直绿化）；竹类植物；多年生地被植物（含花境）；露地一、二年生草花；草坪

技术措施：浇灌与排水，整形与修剪，病虫害防治，松土与除草，施肥，支撑、防护与涂白，切边和留积水穴，复壮、补植与调整等

园林植物养护管理

除以上技术措施外，加强植物生长环境研究，创造适宜植物生长的优良环境，防止人为干扰，预防植物破坏发生及对人的伤害等

园林绿化养护管理

园林植物防护管理

园林绿化养护管理规范　分级养护管理、月历养护管理

图 5-1　园林绿化养护管理内容

园林植物养护管理的具体方法因园林植物的不同种类、不同地区、不同环境和不同栽培目的而不同。在园林植物的养护管理中，应顺应植物生长发育规律和生物学特性，以及当地的具体气候、土壤、地理等环境条件，还应考虑设备设施、经费、人力等主观条件，因时因地因植物制宜。

园林绿化工程养护管理根据不同级别的养护管理标准与要求，确定具体的养护管理内容。目前主要采用分级养护管理，分级的质量标准主要是从园林技术措施的完备程度、园林植物的外观形态与生长状况、园林植物的养护管理处置措施、绿地综合环境、设施完备美观程度以及园林树木的保护管理措施等方面进行综合考量。根据园林绿地所处位置的重要程度和养护管理水平的高低，将园林绿地的养护管理分成不同的等级，由高到低分别为：一级养护管理、二级养护管理、三级养护管理。

园林绿化工程养护管理根据全年度不同时段的养护管理标准与要求，确定具体的养护管理内容。园林植物的养护管理工作应根据当地具体的气候环境条件、园林植物种类、管理技术水平等制定出适应当地气候和环境条件的园林植物养护管理工作月历。养护管理工作月历是指导园林养护管理工作的重要技术性规范文件。

【案例 5-4】

某园林绿化养护公司的一位年轻技术员负责管理某街道新栽植物的养护任务。对接受的任务，该技术员对养护管理工作做了如下的计划安排：（1）在夏季遇到下雨，工人可以停止日常的浇水工作；（2）为了节约养护经费，每年在秋季对植物进行修剪，在冬季进行施肥；（3）注意天气变化，大风、大雨、下雪天加强巡视，及时消除安全隐患。

问题：

（1）请问这位年轻技术员安排的具体工作计划是否正确？并简单说明原因。

（2）写出养护管理中浇灌量技术要求。

（3）写出行道树（乔木）修剪的技术要求。

分析：

（1）工作计划：

1）在夏季遇到下雨，工人可以停止日常的浇水工作的做法是不正确的。夏季是植物蒸发量最大的季节，特别是新栽植的植物，根系分布范围小，根系没有完全恢复吸水功能，对水分的需求过多地依赖灌溉，新植树木在5年内需充足、科学地灌溉。另外，夏季虽然下雨，往往都是阵雨，短时间内雨量大，但被土壤吸收的水量较小，所以，夏季遇到下雨，不能停止浇水工作。

2）为了节约养护经费，每年在秋季对植物进行修剪的做法是错误的。正确的修剪时间一般选生长期或休眠期。大多数树木的修剪是休眠期修剪；生长期修剪主要是整形植物的修剪、花灌木的花后修剪、灾后等特殊修剪等。为了节约养护经费，在冬季进行施肥的做法不完全正确。正确的做法应该做到一般行道树等以观叶、观形为主的园林植物，冬季多施用有机肥料做基肥；生长季节多施用以氮为主的有机肥或化肥，促进枝叶旺盛生长，枝繁叶茂，叶色浓绿；但在生长后期，应适当施用磷、钾肥，停施氮肥，促使植株枝条老化、组织木质化，使其能安全越冬，以利来年生长。对于新栽植的苗木强调施用薄肥。

3）天气变化时加强巡视的养护计划正确。由于是行道树，特别要求保证交通行人、车辆等安全。

（2）养护管理中浇灌量技术要求：

根据植物种类、生长发育阶段、土壤性质、天气状况的不同，灌溉量也不一样。应根据植物的需水量及土壤含水量确定灌溉量：

1）不同植物种类的灌溉量：花灌木、地被植物、草坪、花卉是灌溉的重点关注点；耐旱不耐水湿的植物应控制灌溉量；不耐旱的阴生湿生植物应适当增加灌溉量。每次灌溉水渗入土层的深度：生理成熟的乔木应达到 80～100cm，一般花灌木应达到 45cm，一二年生草本花卉、草坪应达到 30～35cm。

2）植物不同生长时期的灌溉量：新植树木应严格控制合适的灌溉量，采用科学的灌溉方法；植物生长旺盛期、夏季开花期、秋季果实膨大期，灌溉量应适当加大；花灌木在花芽分化期、开花期应适当控制灌溉量；休眠期就减少灌溉量。

3）不同质地、性质土壤的灌溉量：黏重土壤宜采用间歇式灌溉；保水保肥力不强的沙土地，宜少量多次；土层深厚的沙壤土，应一次灌透，见干后再灌。

4）不同天气的灌溉量：春季干旱少雨天气应加大灌溉量；夏季降雨集中期，应少浇或不浇；秋季干燥天气、晴天风大时应多浇。

5）注意事项：每次灌溉要灌透，切忌只湿表层；灌溉不能太频繁，以免频繁灌溉导致植物根系长期浸泡水中，因缺氧而死亡。

（3）修剪技术要求。

行道树常修剪为杯状、自然开心形或自然式冠形。由于特殊要求采用人工整形的，如受空中电线等设施的障碍，常修剪成杯状，主干高度以不影响车辆和行人通过为准，多为2.5～4m。具体要求如下：

1）杯状形的修剪：杯状形行道树具有典型的三叉六股十二枝的冠形，主干高在2.5～4m。整形工作是在定植后 5～6 年内完成，悬铃木、合欢常用此树形。骨架完成后，树冠扩大很快，疏去密生枝、直立枝，促发侧生枝，内膛枝可适当保留，增加遮阴效果。上方有架空线路，勿使枝与线路触及，按规定保持一定距离。一般电话线为 0.5m，高压线为 1m以上。近建筑物一侧的行道树，为防止枝条扫瓦、堵门、堵窗，影响室内采光和安全，应随时对过长枝条进行短截修剪。生长期内要经常进行抹芽，抹芽时不要扯伤树皮，不留残枝。冬季修剪时把交叉枝、并生枝、下垂枝、枯枝、伤残枝及直立枝等截除。

2）自然开心形的修剪：由杯状形改进而来，无中心主干，中心不空，但分枝较低，定植时，将主干留 3m 或者截干，春季发芽后，选留 3～5 个位于不同方向、分布均匀的侧枝进行短剪，促枝条长成主枝，其余全部抹去。生长季注意将主枝上的芽抹去，只留3～5个分布均匀的侧枝。来年萌发后选留侧枝，全部共留6～10个，使其向四方斜生，并行短截，促发次级侧枝，使冠形丰满、匀称。如嫁接银杏。

3）自然式冠形的修剪：在不妨碍交通和其他公用设施的情况下，树木有任意生长的条件时，行道树多采用自然式冠形，如尖塔形、卵圆形、扁圆形等。有中央领导枝行道树，如银杏、水杉、雪松等，分枝点的高度按树种特性及树木规格而定，栽培中要保护顶芽向上生长。郊区多用高大树木，分枝点在4～6m以上。主干顶端如损伤，应选择一直立向上生长的枝条或壮芽处短剪，并把其下部的侧芽打去，抽出直立枝条代替，避免形成多头现象。

【案例5-5】

在园林绿化养护管理工作中，安全生产管理应高度重视。曾经出现过的安全事故，如冬季浇水（夜间）路面结冰，使车辆追尾；树木支撑、铁丝割伤路人；大树枯枝砸伤路人和车辆；道路施工人员未穿反光背心被车辆撞伤；大树修剪操作人员未戴安全帽，被树枝砸伤、摔伤；园林工作中割伤、刮伤；喷洒农药，导致中毒；蜂蛇叮咬等现象时常发生。

问题：

（1）简述园林绿化养护管理中应建立哪些安全管理制度？

（2）植物保护安全作业（农药使用安全）注意事项有哪些？

分析：

（1）园林绿化养护管理中应建立如下安全管理制度：

1）安全生产教育和培训制度；

2）安全生产检查制度；

3）危险作业管理制度；

4）劳动防护用品配备和管理制度；

5）安全生产奖惩制度；

6）安全生产事故报告和处理制度；

7）其他保障安全生产的规章制度等。

（2）化学农药是化学防治病虫害的材料，化学防治是防治园林植物病虫害的有效方法，是园林植物病虫害综合防治的重要组成部分。它具有作用快、效率高、使用简单、经济，不受地域限制，便于机械化操作使用等优点。特别是在病虫害大发生时，化学防治的作用是巨大的、不可替代的。但是如不科学、合理地使用农药，则会出现环境污染，导致人畜中毒，使病虫害产生耐药性以及破坏整个生态系统等严重后果。因此，科学地使用化学农药，合理地进行病虫害化学防治，最大限度地发挥农药的作用，是园林养护管理不可忽视的一个重要环节。农药使用安全应注意以下操作规范：

1）作业前准备：① 作业人员须具备一定植保知识。年老、体弱人员，儿童及孕期、哺乳期妇女不能施药。② 使用药物前应先咨询技术员，确定使用药物的种类和浓度。私家花园或靠近住户的区域喷药应提前通知住户。③ 喷药人员应穿长袖衣服、长裤，佩戴口罩、眼镜和胶手套。喷药前应仔细检查药械的开关、接头、喷头等处螺丝是否拧紧，能否正常喷雾。药桶有无渗漏，以免漏药污染。

2）作业操作：① 喷药尽量选择无雨无风天气，选择上风或顺风位。大风和中午高温时停止施药。喷药时不得吸烟、饮食。② 私家花园施药，未经业主同意，不得进行。③ 作业范围影响到家禽、家畜、鱼类等动物时，先做好安全措施，方可施药。④ 药桶内药液不能装得过满，以免晃出桶外。⑤ 喷药要均匀同时兼顾重点，须避让行人、车辆，药液不可飞溅到行人和车辆。配药及喷药时小心药液沾到身上。若不小心溅到眼睛，立即用水冲洗；沾到身上，用肥皂水洗刷；误服，按说明书上服对应解毒物并送医院治疗。注意：很多时候误服药物可以催吐，但凡是昏迷的都不能催吐，以免呕吐物引致窒息。⑥ 施药人员连续工作 40min 时须休息 5～10min，每天喷药时间一般不得超过 6h。使用背负式机动药械，要两人轮换操作。

3）施药结束清理：① 施药作业结束后，及时将喷雾器清洗干净（清洗药械的污水应选择安全地点妥善处理），连同剩余药剂一起交回仓库保管。② 喷药后要用肥皂洗手和其他裸露的部位，尽快洗澡，洗换衣服。未经清洗不得进食。

【案例 5-6】

某项目部承接江苏某公园绿化补植工程，8 月份移植白玉兰，胸径为 15～16cm，栽植时严格执行反季移植树木规范要求制定的方案。由于夏季移植，为了保证成活，对树冠进行了截枝式的修剪，并摘掉所有的叶片；之后进行常规的浇灌、除草等管理。项目部对栽植施工后期养护管理事项作了记录，作为验收移交资料，内容包括：土壤特性、气象情况、环境条件、种植位置、栽植后的生长情况，管理内容与管理者的姓名等。

问题：

（1）夏季移植大树是否可以？

（2）白玉兰截枝式修剪是否正确？为什么？如何做？

（3）栽植后进行的管理还缺了哪些内容？

（4）验收移交资料中还缺什么？

分析：

（1）夏季正值高温期间，一般应避免移植大树。如果需要可以在梅雨季节进行移植。

（2）白玉兰截枝式修剪不正确。白玉兰大树是属于萌芽力及成枝力均弱的单轴分枝的乔木树种，并且整形应该是自然式冠形，过多的修剪侧枝往往会影响树形的美观，可以采取摘叶处理或少量摘叶后采用整株喷施抗蒸腾剂处理。

（3）夏季移植白玉兰大树的管理工作还应包括：① 夏季大树移植后期管理水分很重要，要早晚整株喷水，树干保湿；② 实施吊瓶，补充白玉兰树所需要的水分与生命物质；③ 及时排除树坑下多余的降水；④ 树冠上方设置遮阳网；⑤ 及时防治病虫害；⑥ 经常松土除草。

（4）验收移交资料中还缺树木数量，实施措施方案。

【案例 5-7】

华中地区某路段的市政绿化工程于 2013 年开工，施工单位为了保证种植苗木的多样性，整个项目主要使用的有雪松、垂柳、水杉、北美枫香、竹子、香樟、桂花、毛鹃、海桐、金叶女贞、一串红、佛甲草、麦冬等。2015 年竣工验收后，交由丙公司进行养护，经过 2 年养护期，所有树种均存活，长势良好。但 2018 年，该地区连续遭受两次大雪侵袭，给丙公司的养护工作带来了巨大压力。

问题：

（1）请问该项目中所使用的哪些植物受雪灾影响最严重？

（2）扫雪防冻抢险工作中，如遇雪压倒树木压线、占路等情况，需要怎么处理。

（3）路段内哪些苗木耐旱性较差？

（4）绿化苗木夏季养护工作的重点主要是抗旱浇水，请简述抗旱浇水的注意事项。

分析：

（1）受灾最严重的是雪松、竹子、香樟、桂花等常绿植物。

（2）除迅速调派抢险成员排险处理外，及时向建设单位汇报，由建设单位通知有关供电、通讯和交警等部门派员到现场协同动作，抢险排险。确保扫雪防冻所需物资供应及抢险成员的饮食供应和值班、休息地点的安排等，并做好各项资料存档工作。

（3）水杉、北美枫香、毛鹃、一串红、金叶女贞。

（4）夏季抗旱浇水的注意事项：

1）增加养护浇水人员、洒水车，并采取专人包点责任制，加班加点开展抗旱浇水养护工作，以确保乔、灌木得到及时灌溉。调整作业时间，延长浇水时间，换人不停车。

2）实行重点路段重点养护，对部分路段的枯干树苗、萎蔫花灌木进行浇水，确保浇透浇好，保证抗旱浇水效果。组织人员对缺枯的乔、灌木及时清除，适时进行补植。

3）加强道路绿化的浇灌，保证景观效果。同时，安排专人不定时对养护范围内绿地进行巡查，查看绿化浇灌工作的实施情况，切实做到浇灌工作定时、保量、保质及全覆盖，不留浇灌死角和盲区，确保养护范围绿化苗木健康生长。

参 考 文 献

［1］全国二级建造师执业资格考试研究中心编著．建筑工程管理与实务［M］．北京：人民邮电出版社，2017.

［2］全国二级建造师执业资格考试研究中心编著．建设工程施工管理［M］．北京：人民邮电出版社，2017.

［3］吴戈军．园林工程招投标与合同管理［M］．北京：化学工业出版社，2019

［4］陈正，饶婕．建筑工程招投标与合同管理实务［M］．北京：电子工业出版社，2018.

［5］宁平．园林工程招投标与合同管理从入门到精通［M］．北京：化学工业出版社，2017.

［6］刘旭灵，陈博．建设工程招投标与合同管理［M］．长沙：中南大学出版社，2018.

［7］万超琪．招标投标案例解析［M］．成都：电子科技大学出版社，2018.

［8］宁平．园林工程施工从入门到精通［M］．北京：化学工业出版社，2017.

［9］宁平．园林工程施工现场管理从入门到精通［M］．北京：化学工业出版社，2017.

［10］陈双，王世凤．建设工程施工管理［M］．南京：南京大学出版社，2017.

［11］刘光忱，赵亮．施工现场管理［M］．北京：化学工业出版社，2012.

［12］田建林，陈永贵．园林工程管理［M］．北京：中国建材工业出版社，2010.

［13］郝昭，徐敏，周文康．建设工程法规及案例分析［M］．天津：天津科学技术出版社，2019.

［14］赵崇，宋敏，吴俊．建筑法规与案例分析［M］．南京：南京大学出版社，2018.

［15］宋宗宇，向鹏成，何贞斌．建设工程管理与法规［M］．重庆：重庆大学出版社，2015.

［16］徐云博．建设工程法律法规［M］．北京：中国电力出版社，2013.

［17］杨树峰，周恩海．建筑工程管理案例分析［M］．重庆：重庆大学出版社，2013.

［18］宁平．园林工程施工组织设计从入门到精通［M］．北京：化学工业出版社，2017

［19］邹原东．园林工程施工组织设计与管理［M］．北京：化学工业出版社，2014.

［20］刘义平．园林工程施工组织管理［M］．北京：中国建筑工业出版社，2009.

［21］朱敏．园林工程［M］．上海：上海交通大学出版社，2016.

［22］朱燕辉．园林景观施工图设计实例图解［M］．北京：机械工业出版社，2018.

［23］王宜森，刘殿华，刘雁丽．园林绿化工程管理［M］．南京：东南大学出版社，2019.

［24］黄凯，周玉新．园林管理学［M］．北京：中国林业出版社，2012.

［25］中国建筑标准设计研究院．国家建筑标准设计图集．环境景观：室外工程细部构造15J012-1［Z］．北京：中国计划出版社，2016.